電子・デバイス部門
- 量子物理
- 固体電子物性
- 半導体工学
- 電子デバイス
- 集積回路
- 集積回路設計
- 光エレクトロニクス
- プラズマエレクトロニクス

新インターユニバーシティシリーズのねらい

稲垣康善

　各大学の工学教育カリキュラムの改革に即した教科書として，企画，刊行されたインターユニバーシティシリーズ*は，多くの大学で採用の実績を積み重ねてきました．

　ここにお届けする新インターユニバーシティシリーズは，その実績の上に深い考察と討論を加え，新進気鋭の教育・研究者を執筆陣に配して，多様化したカリキュラムに対応した巻構成，新しい教育プログラムに適し学生が学びやすい内容構成の，新たな教科書シリーズとして企画したものです．

*インターユニバーシティシリーズは家田正之先生を編集委員長として，稲垣康善，臼井支朗，梅野正義，人熊繁，縄田正人各先生による編集幹事会で，企画・編集され，関係する多くの先生方に支えられて今日まで刊行し続けてきたものです．ここに謝意を表します．

新インターユニバーシティ編集委員会

編集委員長	稲垣 康善	(豊橋技術科学大学)
編集副委員長	大熊 繁	(名古屋大学)
編集委員	藤原 修	(名古屋工業大学)[共通基礎部門]
	山口 作太郎	(中部大学)[共通基礎部門]
	長尾 雅行	(豊橋技術科学大学)[電気エネルギー部門]
	依田 正之	(愛知工業大学)[電気エネルギー部門]
	河野 明廣	(名古屋大学)[電子・デバイス部門]
	石田 誠	(豊橋技術科学大学)[電子・デバイス部門]
	片山 正昭	(名古屋大学)[通信・信号処理部門]
	長谷川 純一	(中京大学)[通信・信号処理部門]
	岩田 彰	(名古屋工業大学)[計測・制御部門]
	辰野 恭市	(名城大学)[計測・制御部門]
	奥村 晴彦	(三重大学)[情報・メディア部門]

通信・信号処理部門
- 情報理論
- 確率と確率過程
- ディジタル信号処理
- 無線通信工学
- 情報ネットワーク
- 暗号とセキュリティ

新インターユニバーシティ

無線通信工学

片山 正昭 編著

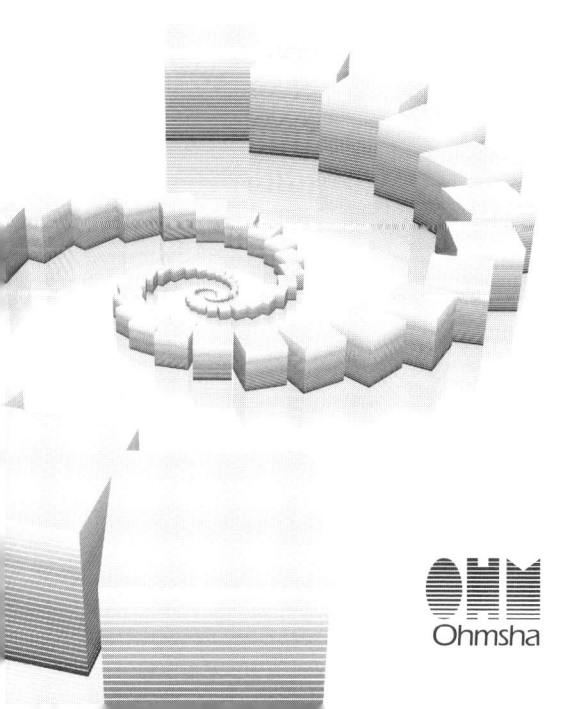

Ohmsha

「新インターユニバーシティ 無線通信工学」
編者・著者一覧

編著者	片山 正昭（名古屋大学）	[序章, 3章]
執筆者 （執筆順）	上原 秀幸（豊橋技術科学大学）	[1, 2章]
	岩波 保則（名古屋工業大学）	[4, 5章]
	和田 忠浩（静岡大学）	[6, 9章]
	山里 敬也（名古屋大学）	[7, 8章]
	小林 英雄（三重大学）	[10章]
	岡田 啓（名古屋大学）	[11, 12章]

本書を発行するにあたって，内容に誤りのないようできる限りの注意を払いましたが，本書の内容を適用した結果生じたこと，また，適用できなかった結果について，著者，出版社とも一切の責任を負いませんのでご了承ください．

本書は，「著作権法」によって，著作権等の権利が保護されている著作物です．本書の複製権・翻訳権・上映権・譲渡権・公衆送信権（送信可能化権を含む）は著作権者が保有しています．本書の全部または一部につき，無断で転載，複写複製，電子的装置への入力等をされると，著作権等の権利侵害となる場合があります．また，代行業者等の第三者によるスキャンやデジタル化は，たとえ個人や家庭内での利用であっても著作権法上認められておりませんので，ご注意ください．
　本書の無断複写は，著作権法上の制限事項を除き，禁じられています．本書の複写複製を希望される場合は，そのつど事前に下記へ連絡して許諾を得てください．

出版者著作権管理機構
（電話 03-5244-5088, FAX 03-5244-5089, e-mail: info@jcopy.or.jp）

JCOPY ＜出版者著作権管理機構　委託出版物＞

目　　次

序章　無線通信工学の学び方
1. 無線通信工学とは …………………………………………………………… *1*
2. 正弦波の3要素と変調を学ぼう …………………………………………… *3*
3. アナログとディジタルの違いを理解しよう ……………………………… *4*
4. 本書の構成と学び方 ………………………………………………………… *7*

1章　信号の表現と性質
1. 通信で扱う信号の表現 ……………………………………………………… *9*
2. フーリエ級数を学ぼう　─周期信号のスペクトル─ …………………… *10*
3. フーリエ変換を学ぼう　─非周期信号のスペクトル─ ………………… *14*
4. フーリエ変換の性質を理解しよう ………………………………………… *16*
　まとめ …………………………………………………………………………… *21*
　演習問題 ………………………………………………………………………… *21*

2章　狭帯域信号と線形システム
1. 線形システムを学ぼう ……………………………………………………… *22*
2. 伝送歪みを理解しよう ……………………………………………………… *24*
3. フィルタを学ぼう …………………………………………………………… *26*
4. 帯域系と等価低域系を理解しよう ………………………………………… *29*
　まとめ …………………………………………………………………………… *33*
　演習問題 ………………………………………………………………………… *33*

3章　無線通信路
1. 電波の分類を学ぼう ………………………………………………………… *34*
2. 電波伝搬のいろいろを知ろう ……………………………………………… *34*
3. フェージングとは，シャドウイングとは ………………………………… *35*
4. 雑音と干渉のいろいろを知ろう …………………………………………… *37*
5. フェージングの数学的表現 ………………………………………………… *39*
6. 雑音の数学的表現 …………………………………………………………… *41*
　まとめ …………………………………………………………………………… *43*
　演習問題 ………………………………………………………………………… *43*

4章　アナログ振幅変調信号

1. 振幅変調方式のいろいろを学ぶ ……………………………………… *44*
2. 振幅変調信号の発生と再生はどうするか ……………………………… *51*
3. 振幅変調方式の品質はどのように測るか ……………………………… *55*

まとめ ……………………………………………………………………… *57*

演習問題 …………………………………………………………………… *57*

5章　アナログ角度変調信号

1. 角度変調信号とは ……………………………………………………… *58*
2. 位相変調と周波数変調とはどのような関係か ………………………… *59*
3. 周波数変調信号のスペクトル ………………………………………… *60*
4. 周波数変調信号の発生と再生はどうするのか ………………………… *64*
5. 周波数変調方式の品質はどのように測るか …………………………… *65*

まとめ ……………………………………………………………………… *72*

演習問題 …………………………………………………………………… *72*

6章　自己相関関数と電力スペクトル密度

1. 確定信号の自己相関関数とスペクトル密度を求めよう ……………… *74*
2. 不規則信号の自己相関関数と電力スペクトル密度を求めよう ……… *76*

まとめ ……………………………………………………………………… *84*

演習問題 …………………………………………………………………… *84*

7章　線形ディジタル変調信号の基礎

1. 線形ディジタル変調信号の発生と再生はどうするのか ……………… *85*
2. 線形ディジタル信号のスペクトルはどんな形か ……………………… *88*
3. 信号点配置と信号点間距離を理解しよう ……………………………… *89*
4. 線形ディジタル変調信号の性能はどのように測るか ………………… *90*

まとめ ……………………………………………………………………… *93*

演習問題 …………………………………………………………………… *93*

8章　各種線形ディジタル変調方式

1. DBPSK : Differential BPSK …………………………………………… *95*
2. QPSK : Quadrature Phase Shift Keying ……………………………… *96*
3. OQPSK : Offset-QPSK ………………………………………………… *98*
4. $\pi/4$ シフト QPSK ……………………………………………………… *99*

	5	M-ary PSK (8PSK, 16PSK) ………………………………………	*100*
	6	M-ary QAM (16QAM, 64QAM) ………………………………	*100*
	7	各種線形ディジタル変調方式を比較しよう ………………………	*101*
	まとめ ………………………………………………………………………	*103*
	演習問題 ……………………………………………………………………	*104*

9章　定包絡線ディジタル変調信号

	1	FSK について学ぼう ………………………………………………	*105*
	2	MSK とはどんな方法か …………………………………………	*109*
	まとめ ………………………………………………………………………	*115*
	演習問題 ……………………………………………………………………	*115*

10章　OFDM 通信方式

	1	OFDM 通信方式とは ………………………………………………	*116*
	2	広帯域伝送とマルチキャリア伝送方式の違いについて知ろう …………	*117*
	3	多周波変調方式から OFDM 通信方式の原理について学ぼう ………	*118*
	4	IFFT と FFT を用いた OFDM 変復調操作について学ぼう ………	*120*
	5	ガードインターバルの役割について知ろう ………………………	*121*
	6	フェージング環境下における OFDM 方式の復調法ついて学ぼう ……	*123*
	7	OFDM 通信方式が利用されている通信システムについて知ろう ……	*125*
	まとめ ………………………………………………………………………	*125*
	演習問題 ……………………………………………………………………	*125*

11章　スペクトル拡散

	1	スペクトル拡散とは ………………………………………………	*127*
	2	スペクトル拡散の種類を学ぼう …………………………………	*127*
	3	スペクトル拡散で使う拡散符号とは ……………………………	*131*
	4	スペクトル拡散の特徴は？ ………………………………………	*134*
	まとめ ………………………………………………………………………	*136*
	演習問題 ……………………………………………………………………	*136*

12章　多元接続技術

	1	多元接続技術はなぜ必要 …………………………………………	*137*
	2	多元接続の種類を学ぼう …………………………………………	*138*
	3	多元接続方式の特性は？ …………………………………………	*139*

■ 目　　　次

　　4　ランダムアクセス方式を学ぼう ……………………………………… *142*
　　まとめ …………………………………………………………………… *146*
　　演習問題 ………………………………………………………………… *147*

参考図書 ……………………………………………………………………… *148*
演習問題解答 ………………………………………………………………… *150*
索　　引 ……………………………………………………………………… *164*

───────────── ■ コラム一覧 ■ ─────────────

- 身の周りにある正弦波を探してみよう ……………………………… *19*
- 周期信号が三角関数の級数和で表現できる理由について考えてみよう *19*
- ときには歴史に思いを馳せてみよう ………………………………… *20*
- 畳込みは怖くない ……………………………………………………… *31*
- 信号の歪みについて …………………………………………………… *32*
- 電波伝搬？電波伝播？ ………………………………………………… *42*
- 鉱石ラジオ ……………………………………………………………… *56*
- FM 復調におけるクリック雑音 ……………………………………… *70*
- 各種データ波形 ………………………………………………………… *92*
- ディジタル変調方式とその名称 ……………………………………… *103*
- 多重 ……………………………………………………………………… *146*
- 新しい多元接続技術 …………………………………………………… *146*

序　章

無線通信工学の学び方

1　無線通信工学とは

〔1〕　無線通信と有線通信

　無線通信は，特殊な難しい技術ではない．われわれは，オギャーと生まれたその日から，無線通信をしているといえる．音声での通信もまた無線通信なのであるから．この場合，音声は伝送媒体である大気に対してそのままの形で送信される（**図 1**）．一方，例えば糸電話は，最も基本的（?）な有線通信といえる．この場合，音声の振動（信号）は，繊維（糸）を媒体に伝送される（**図 2**）．

　無線通信と有線通信を比較すると，同じ送信出力（声の大きさ）と受信能力（耳のよさ）であれば，無線通信より有線通信の方が遠距離伝送が可能である．有線通信では，通信線路（糸電話なら糸）を設置さえすれば複数組の通信が，互いの妨害なしに同時に行える．また，通信媒体の管理さえしっかりすれば，第三者の傍受も防ぐことができる．一方，有線通信には，通信線路の敷設が必要であること，線路の損傷によって容易に通信が失われること，そしてなによりも移動の自由度に大きな制約が発生するという欠点もある．無線通信と有線通信は，これらの得失のバランスのうえで選択されることになる．

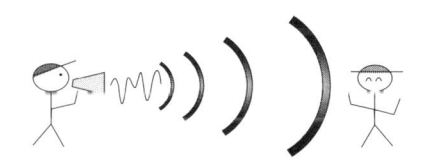

● 図 1　無線通信システム ●

● 図 2　有線通信システム ●

〔2〕 **無線周波数信号**

上で述べた例では，音声をそのまま媒体の振動として伝送している．しかし，電気通信システムでは，音声はいったん電気信号に変換されてから伝送される．また，「無線通信システム」では，電気信号である音声信号は，さらにある種の変形を施され，無線周波数信号（電波）として伝送される（図 3）．受信側では，この無線周波数信号から，情報を再び再生することで通信を実現する．

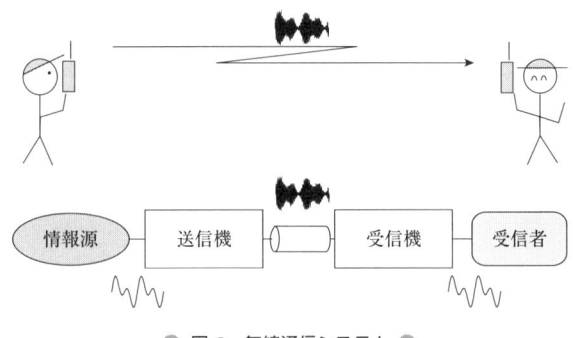

● 図 3　無線通信システム ●

音声の振幅変動をそのまま電圧変動に置き換えた音声信号のスペクトルを観測すると，ほとんどのエネルギーが数十 Hz から数十 kHz の範囲，特に数 kHz の範囲に集中している．その中心となる周波数は，その信号が存在する周波数範囲（帯域幅）と同程度である．このような信号を，**ベースバンド信号**という．これに対し，例えば携帯電話の信号では，中心周波数は数百 MHz 以上であるのに対し，帯域幅は高々 10 kHz 程度である．このように，中心周波数の大きさに対して，帯域幅の大きさが小さな信号を**狭帯域信号**という．無線周波数信号は，中心周波数が電波領域にある狭帯域信号である．なお日本の電波法では，300 万 MHz（3 THz）以下の周波数の電磁波を電波と定義している．下限の明確な定義はないが，しばしば 3 kHz 以上とされる．

〔3〕 **本書で学ぶこと**

無線通信工学とは，電気的信号を，ケーブルなどの「電線なし」に通信する「無線通信」システムに関する工学技術である．無線通信システムにおける最も本質的な作業は，伝送したい情報を表現するベースバンド信号を無線周波数を中心周波数とする狭帯域信号（無線信号）に置き換える作業すなわち**変調**と，それとは

逆に無線信号から情報を取り出す**復調**である．また，同一の空間で複数の無線通信を行うための**多元接続技術**も重要である．本書では，これらの技術，すなわち変調・復調・多元接続を学ぶ．

2 正弦波の3要素と変調を学ぼう

変調（modulation）とは，情報を表現している信号（**変調信号**という）を，与えられた伝送路に適した周波数（通常，高い周波数）の信号に変換する作業である．

多くの古典的な変調，特にアナログ変調では，目標とする周波数付近の正弦波（**搬送波**という）

$$c(t) = A\cos(2\pi ft + \theta) \qquad (1)$$

の振幅（A），周波数（f），位相（θ）という三つのパラメータを変化させることで情報伝送が実現される（図4）．

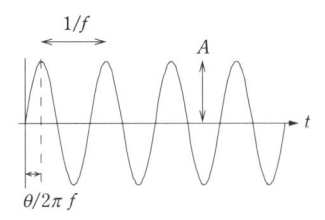

● 図4　正弦波搬送波のパラメータ ●

[1] 変調の基本的分類

情報波形（アナログ），情報系列（ディジタル）を搬送波周波数の波形にマッピングする手法である変調技術には多種多様なものが存在する．これらの詳細は，後章に譲る．ここでは，最も基本的なものとして，搬送波の振幅，周波数によって情報を表現する手法の例を紹介する．

●**振幅変調**（図5）

信号振幅で情報を表現する．最も古典的な変調方式である．中波や短波のAM（amplitude modulation）が代表的．電波の断続によるモールス信号も，信号振幅を1（送信）か0（送信断）の2値で変化させる最も簡単なディジタル振幅変調（ASK: amplitude shift keying）である．アナログ振幅変調は4章で取り上げる．また7，8章の線形ディジタル変調は，ディジタルにおける振幅変調の応用とみな

AM 信号　　　　　　　ASK 信号

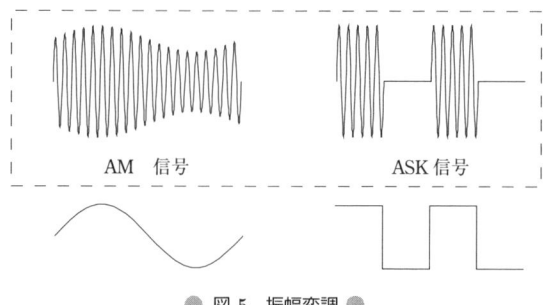

● 図5　振幅変調 ●

すこともできる．

●**周波数変調**（図6）

　信号周波数で情報を表現する方式である．アナログでは，超短波帯のFMラジオ放送が代表的．アナログコードレス電話やワイヤレスマイクでも用いられる．これらは5章で述べる．またデジタルFM変調は，欧州を中心に世界的に普及している携帯電話のGSM方式で採用されている．これらの基礎は9章で学ぶ．アナログの場合もディジタルの場合も，電波の振幅が情報を表さないため，信号強度の変動には強いが，必要周波数帯域が広くなる傾向がある．

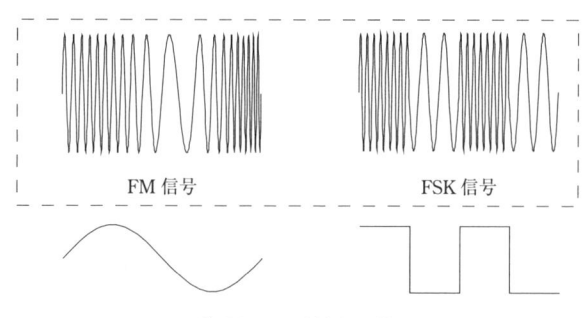

FM 信号　　　　　　　FSK 信号

● 図6　周波数変調 ●

3　アナログとディジタルの違いを理解しよう

　搬送波のパラメータを変化させることで情報を伝送するという点では，アナログ変調とディジタル変調も同一である．しかし両者は変調信号の性格が異なる．アナログ変調では，変調信号は情報源の出力であり，通常無限の可能性をもつ複雑な波形である．これに対しディジタル変調では，情報源出力は情報系列である．

3　アナログとディジタルの違いを理解しよう

そして，変調信号はこの情報系列を表現するように設計された人工的な波形で，有限の時間内においては有限の可能性しかもたない．

このような違いから，アナログ変調では，変調を無線周波数の正弦波（搬送波）のパラメータを情報により「揺すぶり」「調子を変える」こととみなすのがわかりやすいのに対して，ディジタル変調では「情報系列と無線周波数信号波形のマッピング」と考える方が理解が容易となる．

〔1〕アナログ無線通信システム

アナログ無線通信システムの送受信機の概念を図7に示す．送信機の主たる仕事は，情報を担う信号波形に基づき，無線周波数信号を生成（変調）することである．受信機においては，送信機から送出された信号が加法性擾乱（雑音，干渉など）と乗法性擾乱（フェージングなど）を受けて到着する．受信機では送信機で行った操作の逆操作（復調）により，情報波形（変調波）を取り出す．

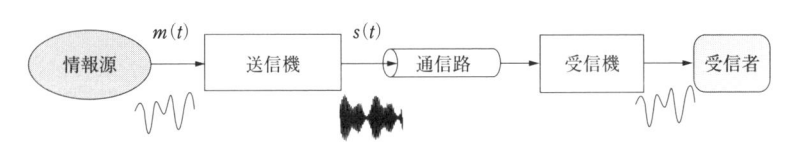

● 図7　アナログ無線通信システム ●

変調は生成されるべき信号の周波数近傍の正弦波（搬送波）を送信したい情報波形（変調波という）に応じて変形する作業である．また，変調波と送信信号波形の対応づけ，すなわち，$s(t) = f(m(t))$ と表現することもできる．これと同様に復調を，受信信号（時間関数）と復調器出力（時間関数）のマッピングと理解することが可能である．

〔2〕ディジタル無線通信システム

●送信機

ディジタル無線通信システムの送信機の概念を図8に示す．各ブロックの動作を以下に述べる．

●情報の数値化

アナログ信号をディジタル通信システムで伝送する場合には，信号はまずアナログディジタル変換部（A/D変換器）でディジタル化される．無限の可能性のあるアナログ情報を，有限の可能性（桁数）のディジタル情報に置き換える作業を

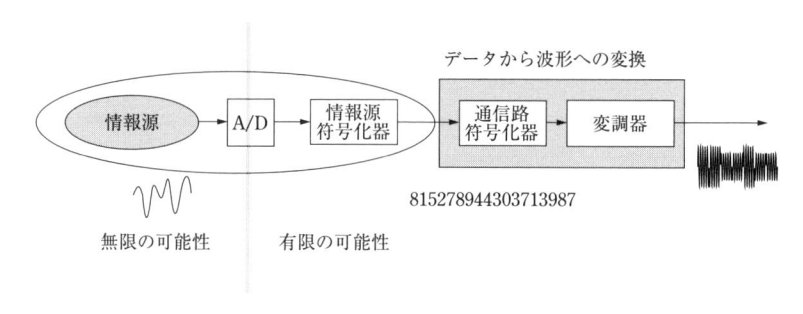

● 図8 ディジタル無線通信システム送信機 ●

行っているといえる．
● **情報源符号化**
　アナログ情報源を単純にディジタル化したものには，アナログ情報源の性質によっては，大きな冗長を含んでいる．そこで，情報源の性質に基づき，データ量の削減を行うことが可能である．この作業は，情報源符号化，あるいは情報圧縮と呼ばれる．不可逆圧縮の場合は，ここでも情報の一部が失われる．
● **通信路符号化**
　ディジタル通信では，伝送すべき情報に（人為的な）冗長情報を加えることで受信誤りの訂正能力を与えることがしばしば行われる．これを誤り訂正符号化，あるいは通信路符号化という．
● **変　調**
　送信すべき情報系列に対して，時間関数（送信波形）を割り当てる作業である．情報の1ビットごとに，パルス波形を割り当てるだけでなく，数ビットごとにまとめて波形割当てを行う場合もある．
● **受信機**
　ディジタル無線通信システムの受信機の概念を図9に示す．受信機では，送信側で符号化・変調として行った操作の逆を行う．ディジタル無線通信システムにおいては，一定の時間内において送信機が送出する波形は有限の可能性しかない．しかし通信路上の雑音やフェージングなどの擾乱により，受信機の入力は無限の可能性をもった信号となる．したがって，受信機ではこの無限通りの（しかし一定の物理的制約のある）受信信号に対して，送信波形（送信情報）の対応づけ作業を行う必要がある．いい換えれば，受信機は，受信信号のとりうる波形の集合

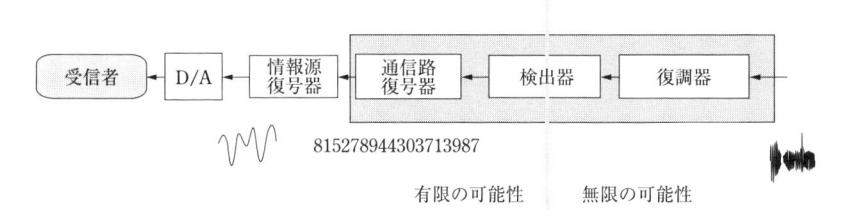

図9 ディジタル無線通信システム受信機

（無限要素）を送信情報系列数に分割し，受信信号がどの分割された部分集合に属するかを検出する作業を行っていることになる．

4 本書の構成と学び方

本書の構成を図10に示す．学習の順序としては，各章を順を追って理解していくのが標準的である．一方，ディジタル無線システムの基本だけを概観する場合は，序章および3章の前半，7，12章（アナログ無線を含むなら加えて4，5章）に先に目をとおし，その後，1，2，3（後半），6章で数学的表現の理解を深め，最後に高度な方式として8，9，10，11章を学ぶという方法もあろう．

いずれにしても，一度ですべてを理解しようとせずに，漆塗りのように，繰り

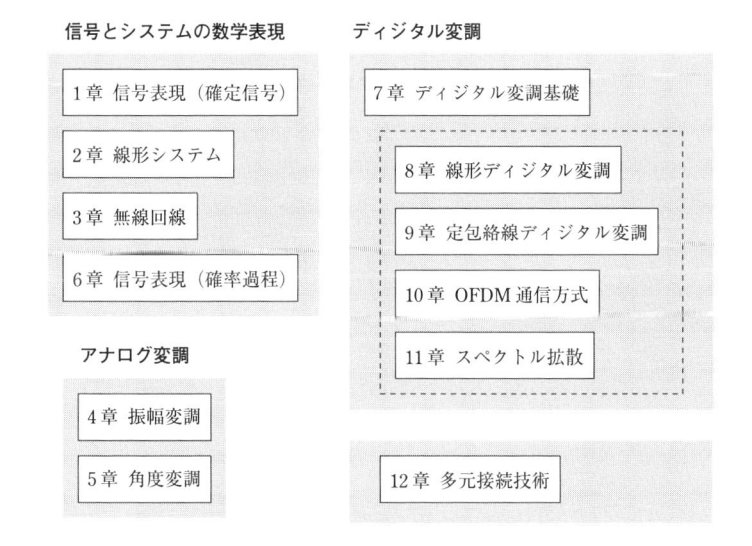

図10 本書の各章の構成

返し何度も全体を読むことを勧める．無線通信工学分野においては，信号の数学的表現と複素関数の扱いが重要である．このため取っつきにくい印象があるかもしれない．しかしながら，これらの表現を理解できているかどうかが，「素人とプロの差」といえる．繰り返し学習し，また演習問題を自分で解いてみることで理解を深めていただきたい．

1 章
信号の表現と性質

　通信システムを理解するためには，そこで用いられている信号の表現方法と性質をまず知らなければならない．通常，音声や画像などの信号波形は非常に複雑である．では，どのようにしたら，これら複雑な信号を表現でき，その性質を知ることができるのであろうか．その方法がフーリエ解析である．フーリエ解析では，複雑な信号を簡単な複数の信号に分解して扱いやすくしている．この章では，通信システムを理解するための準備として，信号の時間領域での表現と周波数領域での表現について学び，その物理的意味を理解しよう．

1 通信で扱う信号の表現

〔1〕 確定信号と不規則信号

　音声，映像，データなどの信号の波形は，時間の関数として一義的に記述できる．このような信号を**確定信号**もしくは決定論的信号という．一方，雑音のように時間的な波形の変化を一義的に決定できない信号を**不規則信号**という．このような信号は確率過程として扱わなければならない．これは，6章で説明する．また，3章で説明するフェージング通信路を通過した信号や雑音は不規則信号の例である．本章では，確定信号を扱う．

〔2〕 周期信号と非周期信号

　確定信号は，さらに周期信号と非周期信号に分類することができる．いま，時間 t の関数として表される信号 $x(t)$ が一定時間 T ごとに繰り返されるとき，すなわち

$$x(t)=x(t+nT), \quad -\infty<t<\infty, \quad n=0, \pm1, \pm2, \cdots \tag{1・1}$$

を満足するとき，これを**周期信号**といい，T を**基本周期**という．

　周期信号の代表例が正弦波である．正弦波信号は一般に

$$x(t)=A\cos(2\pi ft+\theta) \tag{1・2}$$

と書ける．ここで，A は振幅で通常は電圧として表現され，f は周波数，θ は位相である．また，オイラーの公式を用いると，正弦波は複素指数関数を使って表

すことができる．すなわち

$$e^{j2\pi ft} = \cos(2\pi ft) + j\sin(2\pi ft) \tag{1・3}$$

であり，これを**複素正弦波**と呼ぶ．

　一方，非周期信号の代表例は，ステップ関数や単位インパルスのような過渡的信号である．

〔3〕 **電力とエネルギー**

　通信システムにおいて，電力もしくはエネルギーは，周波数とならんで非常に重要な資源である．なぜなら，携帯電話をはじめとする情報端末はバッテリ駆動であり，できるだけ低い消費電力が望まれること，また他のシステムへの干渉を少なくするには，放射電力を抑える必要があるためである．

　周期 T の周期信号の平均電力は次式で与えられる．

$$P_T = \frac{1}{T}\int_{t-T/2}^{t+T/2} |x(\tau)|^2 \, d\tau \tag{1・4}$$

これは，信号の電圧 $x(t)$ が 1Ω の抵抗に加わる場合を表しており，正規化電力とも呼ばれる．エネルギーは

$$E_g = \int_{-\infty}^{\infty} |x(\tau)|^2 \, d\tau \tag{1・5}$$

と定義されるので，周期信号のエネルギーは無限である．一方，非周期信号では周期が無限大とみなせるので，平均電力は 0 であるが，エネルギーは有限である．

2　フーリエ級数を学ぼう ― 周期信号のスペクトル ―

〔1〕 **実数形（三角関数を用いた）フーリエ級数**

　周期信号は，基本周波数とその整数倍の周波数をもつ正弦波および直流成分を合成して得られる級数の和として表現することができる．これを**フーリエ級数展開**という．周期 T の周期信号 $x(t)$ は次のようにフーリエ級数展開できる．

$$\begin{aligned}
x(t) &= a_0 + \sum_{n=1}^{\infty} \{a_n \cos(2\pi n f_0 t) + b_n \sin(2\pi n f_0 t)\} \\
&= a_0 + \{a_1 \cos(2\pi f_0 t) + b_1 \sin(2\pi f_0 t)\} \\
&\quad + \{a_2 \cos(4\pi f_0 t) + b_2 \sin(4\pi f_0 t)\} + \cdots \\
&\quad + \{a_n \cos(2\pi n f_0 t) + b_n \sin(2\pi n f_0 t)\} + \cdots
\end{aligned} \tag{1・6}$$

ここで，$f_0 = 1/T$ は**基本周波数**，a_n，b_n は n 次の**フーリエ係数**と呼ばれ，以下のように求めることができる．

$$\begin{cases} a_0 = \dfrac{1}{T} \displaystyle\int_{-T/2}^{T/2} x(t)\, dt \\ a_n = \dfrac{2}{T} \displaystyle\int_{-T/2}^{T/2} x(t) \cos(2\pi n f_0 t)\, dt \\ b_n = \dfrac{2}{T} \displaystyle\int_{-T/2}^{T/2} x(t) \sin(2\pi n f_0 t)\, dt \end{cases} \quad (1 \cdot 7)$$

任意の周期信号 $x(t)$ がフーリエ級数展開できるということは，周期信号がいろいろな周波数の成分に分解できるということを意味している．ここで，三角関数の公式から，第 n 次高調波成分 nf_0 は

$$a_n \cos(2\pi n f_0 t) + b_n \sin(2\pi n f_0 t) = c_n \cos(2\pi n f_0 t - \phi_n) \quad (1 \cdot 8)$$

$$\text{ただし，} \quad c_n = \sqrt{a_n^2 + b_n^2}, \quad \phi_n = \tan^{-1}(b_n / a_n)$$

と書ける．これを**周波数スペクトル**といい，c_n を**振幅スペクトル**，ϕ_n を**位相スペクトル**という．周期信号は基本周波数の整数倍の周波数点にだけスペクトル成分をもつため，これを**離散スペクトル**あるいは**線スペクトル**とも呼ぶ．

[**例 1.1**]

周期 $T = 4$ をもち，区間 $[-2, 2]$ において次式で与えられる矩形パルス列 $x(t)$ のフーリエ級数を求めてみよう．

$$x(t) = \begin{cases} 1 & (-1 < t < 1) \\ 0 & (-2 \leq t \leq -1,\ 1 \leq t \leq 2) \end{cases}$$

まず，式 (1·7) に従って，フーリエ係数を求めよう．

$$a_0 = \frac{1}{T} \int_{-T/2}^{T/2} x(t)\, dt = \frac{1}{4} \int_{-1}^{1} dt = \frac{1}{2}$$

$$a_n = \frac{2}{T} \int_{-T/2}^{T/2} x(t) \cos(2\pi n f_0 t)\, dt = \frac{4}{T} \int_{0}^{1} \cos(2\pi n f_0 t)\, dt$$

$$= \frac{4}{T} \frac{1}{2\pi n f_0} \Big[\sin(2\pi n f_0 t) \Big]_{0}^{1} = \frac{4}{T} \frac{\sin(2\pi n f_0)}{2\pi n f_0}$$

$$= \frac{2}{\pi n} \sin\left(\frac{\pi n}{2}\right) = \begin{cases} -\frac{2}{\pi n}(-1)^{(n+1)/2} & (n \text{ が奇数}) \\ 0 & (n \text{ が偶数}) \end{cases}$$

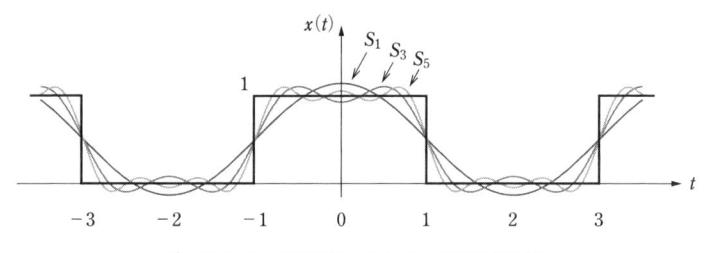

図 1・1 周期信号のフーリエ級数展開

$$b_n = \frac{2}{T}\int_{-T/2}^{T/2} x(t)\sin(2\pi n f_0 t)\,dt = 0 \quad (x(t) \text{ は偶関数})$$

よって、 $$x(t) = \frac{1}{2} + \frac{2}{\pi}\left(\cos\frac{\pi}{2}t - \frac{1}{3}\cos\frac{3\pi}{2}t + \frac{1}{5}\cos\frac{5\pi}{2}t - \cdots\right)$$

と書くことができる．図 1・1 に，$n = 1, 3, 5$ までの部分和 S_1, S_3, S_5 を図示する．このように，n を大きくするにつれて，与えられた関数に近づいていくようすがわかるであろう．

〔2〕 **複素形（指数関数を用いた）フーリエ級数**

通信工学では，三角関数のフーリエ級数よりも，複素正弦波を用いた指数関数のフーリエ級数の方がよく使われる．複素形のフーリエ級数は次のように表される．

$$\begin{cases} x(t) = \displaystyle\sum_{n=-\infty}^{\infty} X_n e^{j2\pi n f_0 t} \\ X_n = \dfrac{1}{T}\displaystyle\int_{-T/2}^{T/2} x(t) e^{-j2\pi n f_0 t}\,dt \end{cases} \quad (1\cdot 9)$$

これは，式 (1・3) のオイラーの公式を用いて得られる

$$\cos(2\pi n f_0 t) = \frac{e^{j2\pi n f_0 t} + e^{-j2\pi n f_0 t}}{2}, \quad \sin(2\pi n f_0 t) = \frac{e^{j2\pi n f_0 t} - e^{-j2\pi n f_0 t}}{2j}$$

$$(1\cdot 10)$$

を式 (1・6) に代入して整理すれば求められる．

ここで，実数形と複素形のフーリエ級数の関係を整理すると

$$\begin{cases} X_0 = a_0 = c_0 \\ X_n = \dfrac{a_n - jb_n}{2} = \dfrac{1}{2}c_n e^{-j\phi_n} \\ X_{-n} = \dfrac{a_n + jb_n}{2} = \dfrac{1}{2}c_n e^{j\phi_n} \end{cases} \quad (1\cdot 11)$$

となる．これらのことからわかるように，複素形のフーリエ級数のスペクトルは，正負の周波数を用いて表現されている．これを**両側スペクトル**という．一方，実数形のフーリエ級数のスペクトルは，正の周波数のみの片側スペクトルである．ここで気をつけることは，負の周波数 $(-nf_0)$ は単独では意味をなさず，正の周波数 (nf_0) と一対で考えてはじめて物理的な意味をなすということである．つまり，正負のスペクトルは複素共役の関係にあり，X_n と X_{-n} は大きさは $c_n/2$ で同じであるが，位相は反転している．

[例 1.2]

例 1.1 の周期信号を複素形のフーリエ級数で展開してみよう．

$$X_n = \frac{1}{T}\int_{-T/2}^{T/2} x(t)e^{-j2\pi nf_0 t}\,dt = \frac{1}{T}\int_{-1}^{1} e^{-j2\pi nf_0 t}\,dt$$

$$= \frac{1}{T}\frac{1}{-j2\pi nf_0}\left(e^{-j2\pi nf_0}-e^{j2\pi nf_0}\right) = \frac{2}{T}\frac{\sin(2\pi nf_0)}{2\pi nf_0} \quad (1\cdot 12)$$

$T=4$ を代入すると

$$x(t) = \frac{1}{2}\sum_{n=-\infty}^{\infty}\frac{\sin(\pi n/2)}{\pi n/2}e^{j\frac{\pi n}{2}t} \quad (1\cdot 13)$$

となる．周波数スペクトルを**図 1・2** に示す．左右対称の線スペクトルが，間隔 $f_0(=1/T)$ で並んでいることがわかるであろう．また，線スペクトルの頂点を結んで得られる曲線は，**Sinc 関数**もしくは標本化関数と呼ばれるもので，通信工学において非常に重要な関数である．Sinc 関数は次のように定義される．

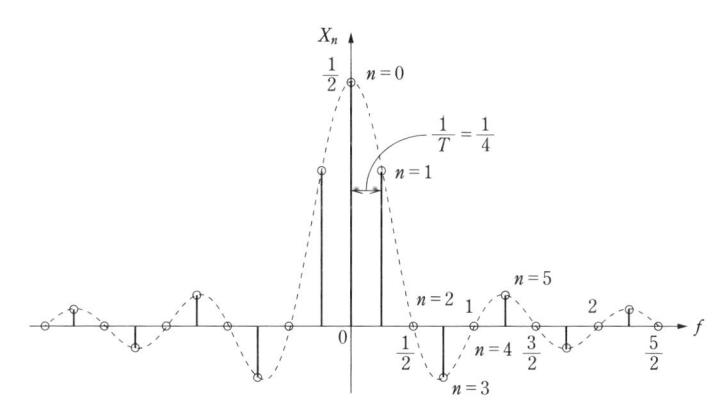

● 図 1・2　矩形パルス列の周波数スペクトル ●

$$\mathrm{Sinc}(x) = \frac{\sin x}{x}, \quad \mathrm{Sinc}(0) = 1, \quad \mathrm{Sinc}(\pm n\pi) = 0 \tag{1・14}$$

③ フーリエ変換を学ぼう ― 非周期信号のスペクトル ―

　孤立波形のように周期をもたない信号のスペクトルを考えよう．例 1.1 の矩形パルス列をパルス幅を一定のまま周期 T を大きくしていき，$T \to \infty$ の極限を考えると，孤立パルスとみなすことができる．例 1.2 でわかったように，線スペクトルの間隔は $1/T$ だから，$T \to \infty$ によって間隔は 0 に近づき，連続スペクトルとなる．このようすを図 1・3 に示す．

　このようにして非周期信号を表現するために用いられるのが，次のフーリエ変

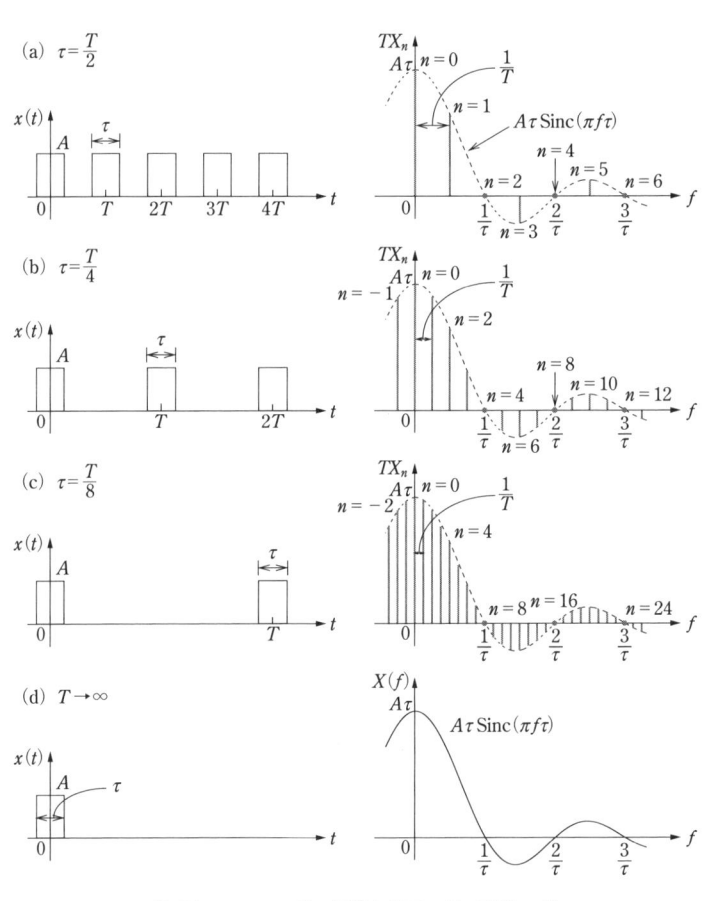

● 図 1・3　フーリエ級数からフーリエ変換へ ●

換対である．

$$x(t) = \int_{-\infty}^{\infty} X(f)e^{j2\pi ft}\,df \tag{1・15}$$

$$X(f) = \int_{-\infty}^{\infty} x(t)e^{-j2\pi ft}\,dt \tag{1・16}$$

$X(f)$ を $x(t)$ のフーリエ変換，$x(t)$ を $X(f)$ の逆フーリエ変換という．次のような記号を使って表すこともある．

$$X(f) = \mathcal{F}[x(t)], \quad x(t) = \mathcal{F}^{-1}[X(f)], \quad x(t) \Longleftrightarrow X(f)$$

$X(f)$ は単位周波数あたりの X_n を与えるものであり，周波数スペクトル密度と呼ばれる．つまり，任意の非周期信号は，周波数が連続した無限個の正弦波の合成によって表現できるといえる．

[例 **1.3**]

次の孤立矩形パルス $x(t)$ をフーリエ変換し，そのスペクトルを見てみよう．

$$x(t) = \begin{cases} A & (|t| \leq \tau/2) \\ 0 & (|t| > \tau/2) \end{cases}$$

式 (1・16) を直接計算すればよい．

$$\begin{aligned}X(f) &= \int_{-\infty}^{\infty} x(t)e^{-j2\pi ft}\,dt = \int_{-\tau/2}^{\tau/2} Ae^{-j2\pi ft}\,dt \\ &= A\tau \frac{\sin \pi f\tau}{\pi f\tau} = A\tau \mathrm{Sinc}(\pi f\tau)\end{aligned} \tag{1・17}$$

これを図示すると図 1・3(d) のようになる．

[例 **1.4**]

次式で定義されるデルタ関数（単位インパルス）$\delta(t)$ のフーリエ変換を求めてみよう．

$$\delta(t) = \begin{cases} \infty & (t=0) \\ 0 & (t \neq 0) \end{cases}, \quad \int_{-\infty}^{\infty} \delta(t)\,dt = 1 \tag{1・18}$$

これは，例 1.3 で導いた $X(f)$ の式において，$A\tau = 1$，$\tau \to 0$ とすればよい．したがって

$$X(f) = \lim_{\tau \to 0} A\tau \mathrm{Sinc}(\pi f\tau) = 1 \tag{1・19}$$

また，次の推移積分

$$\int_{-\infty}^{\infty} f(t)\delta(t-t_0)\ dt = f(t_0) \tag{1・20}$$

を用いると，フーリエ変換を直接計算できる．

$$X(f) = \int_{-\infty}^{\infty} \delta(t)e^{-j2\pi ft}\ dt = e^0 = 1 \tag{1・21}$$

このように，デルタ関数で表されるインパルス波形の周波数スペクトル密度は，すべての周波数にわたって平坦となる．

4 フーリエ変換の性質を理解しよう

フーリエ変換のいくつかの重要な性質とその物理的意味を学ぼう．信号の時間領域表現と周波数領域表現の興味深い関係を直感的に理解できるようになるだろう．

〔1〕 線形性

$$av(t) + bw(t) \Longleftrightarrow aV(f) + bW(f) \tag{1・22}$$

フーリエ変換が線形変換であることを示しており，複合信号の周波数スペクトルは，信号成分ごとの周波数スペクトルを足し合わせたものに等しいことを意味している．

〔2〕 双対性

$$X(t) \Longleftrightarrow x(-f) \tag{1・23}$$

フーリエ変換および逆変換は，式 (1・15), (1・16) からわかるように，指数の極性が逆である点を除いて対称な操作である．その結果として，時間と周波数の役

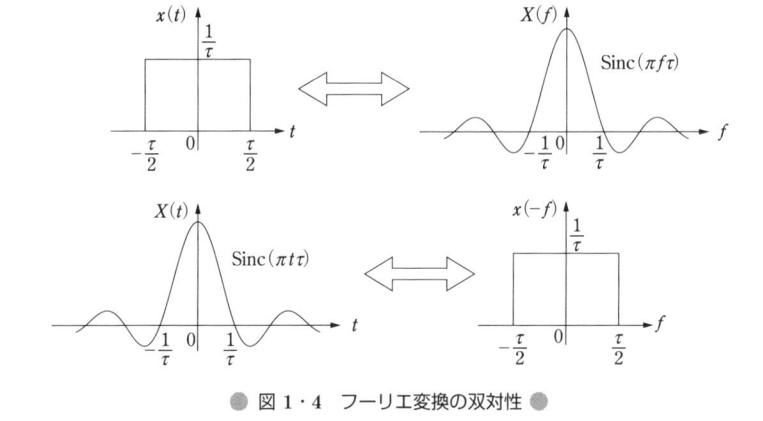

● 図 1・4 フーリエ変換の双対性 ●

割が逆転することを意味している．孤立矩形パルスの場合を例にとると**図 1・4** のようになる．

[3] **時間軸の圧縮と伸張**

$$x(at) \Longleftrightarrow \frac{1}{|a|} X\left(\frac{f}{a}\right) \tag{1・24}$$

信号を時間軸上で a（任意の実定数）倍速く（遅く）変化させると，周波数軸上ではスペクトルが a 倍広がる（縮む）ことを意味している．アナログの音楽テープを早送りすると高い音になり，スロー再生すると低くなることを経験している者も多いであろう．孤立矩形パルスの場合を例にとると**図 1・5** のようになる．

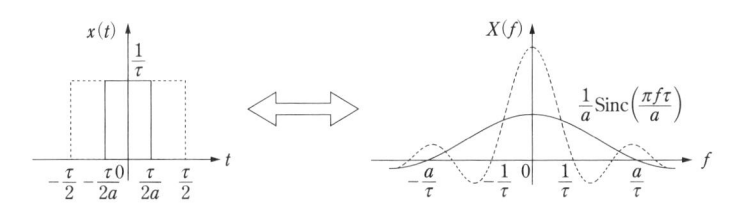

● 図 1・5　フーリエ変換の圧縮伸長の性質 ●

[4] **時間シフト**

$$x(t-t_d) \Longleftrightarrow X(f)e^{-j2\pi ft_d} \tag{1・25}$$

信号の時間上での遅延 t_d は，周波数軸上では $2\pi ft_d$ の位相遅延となることを意味している．ここで重要なことは，振幅スペクトルは変わらない，つまり $|X(f)| = |X(f)e^{-j2\pi ft_d}|$ ということである．信号が t_d 遅れるということは，それを構成するすべての周波数成分が一斉に t_d 遅れることを意味している．そのためには，位相遅れが f の一次関数として表されるように，高い周波数成分ほどより大きな位相シフトを受けなければならない．これを**線形位相特性**といい，信号

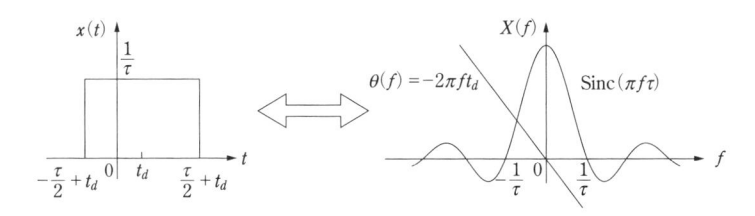

● 図 1・6　フーリエ変換の時間シフトの性質 ●

を歪みなく伝送するためには重要な条件である．孤立矩形パルスの場合を例にとると図 1・6 のようになる．

〔5〕 **周波数シフト**

$$x(t)e^{j2\pi f_0 t} \Longleftrightarrow X(f-f_0) \qquad (1\cdot 26)$$

図 1・7 に示すように，信号に複素正弦波をかけることで，周波数スペクトルの中心周波数をシフトできることを意味している．これは，信号のスペクトル全体を同一方向にシフトする演算である．信号時間シフトの性質との双対性にも注意して欲しい．なお，$x(t)$ が実数信号であっても，複素正弦波 $e^{j2\pi f_0 t}$ の乗積した結果は実数信号ではないことに注意する必要がある．

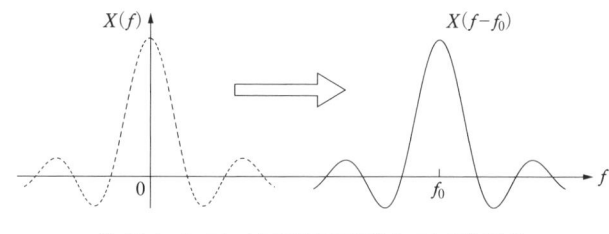

● 図 1・7 フーリエ変換の周波数シフトの性質 ●

〔6〕 **微分積分**

$$\left(\frac{d}{dt}\right)^n x(t) \Longleftrightarrow (j2\pi f)^n X(f) \qquad (1\cdot 27)$$

$$\int_{-\infty}^{t} x(\tau)\,d\tau \Longleftrightarrow \frac{X(f)}{j2\pi f} \qquad (1\cdot 28)$$

信号を微分すると高周波成分が強調され，積分すると低周波成分が強調されることを意味している．

〔7〕 **畳込み**

$$v(t)\otimes w(t) \Longleftrightarrow V(f)\cdot W(f) \qquad (1\cdot 29)$$

$$v(t)\cdot w(t) \Longleftrightarrow V(f)\otimes W(f) \qquad (1\cdot 30)$$

ここで，記号 $\otimes$ は畳込み演算を表し，次式の積分で定義される．

$$v(t)\otimes w(t) = \int_{-\infty}^{\infty} v(\tau)w(t-\tau)\,d\tau \qquad (1\cdot 31)$$

畳込みは，次章で述べる線形システムの出力信号を得る際に用いられる．非常に重要な演算ではあるが，その計算は比較的複雑な場合が多い．これを周波数領

域（もしくは時間領域）で行うことで，単なる乗算に変換し，計算を簡単にすることができる．

〔8〕 **パーシバルの定理**

$$\int_{-\infty}^{\infty} |x(t)|^2 \, dt = \int_{-\infty}^{\infty} |X(f)|^2 \, df \tag{1・32}$$

これは，非周期信号のもつ全エネルギーを時間領域および周波数領域で表現したものである．$|X(f)|^2$ は単位周波数あたりのエネルギーを表しており，**エネルギースペクトル密度**という．これについては，6章で説明する．

──── ■ 身の周りにある正弦波を探してみよう ■ ────

　100 V の AC 電源から得られる交流電圧は正弦波であり，電話の受話器を取ったときに聞こえる「ツー」という音もやはり正弦波である．これら以外にも実に多くの正弦波が身の周りにある．高校物理でも学習したように，等速円運動の垂直成分を時間軸上にプロットしたもの，つまり単振動が正弦波の正体である．したがって，円運動やばねの振動などがあるところには必ず正弦波が存在しているのである．このように正弦波は，身近であり，かつ非常に重要な信号なのである．

──── ■ 周期信号が三角関数の級数和で表現できる理由について
　　　　考えてみよう ■ ────

　まず，三角関数の直交性という性質を知ろう．区間 $[-T/2, T/2]$ で連続な関数 $f(t)$ と $g(t)$ があるとき，内積を次式のように定義する．

$$<f, g> = \int_{-T/2}^{T/2} f(t)g(t) \, dt \tag{1・33}$$

ここで，$<f, g> = 0$ のとき，f と g は直交するという．次に，**図 1・8** にあるような基本周波数 f_0 の整数倍の周波数をもつ正弦波を考える．このとき

$$<\sin(2\pi m f_0 t), \sin(2\pi n f_0 t)> = \begin{cases} T/2 & (m=n) \\ 0 & (m \neq n) \end{cases} \tag{1・34}$$

となる．同様に

$$<\cos(2\pi m f_0 t), \cos(2\pi n f_0 t)> = \begin{cases} T/2 & (m=n) \\ 0 & (m \neq n) \end{cases} \tag{1・35}$$

$$<\sin(2\pi m f_0 t), \cos(2\pi n f_0 t)> = 0 \tag{1・36}$$

したがって，1 ($n=0$ のとき)，$\sin(2\pi m f_0 t)$，$\cos(2\pi n f_0 t)$ は互いに直交しているのである．つまり，フーリエ級数は，直交関数の一次結合で表されていることが

わかる．これは，ユークリッド空間で直交基底が張る n 次元のベクトル空間と似ている．このことを知っていれば，フーリエ係数を求める式 (1・7) を覚えている必要はない．例えば，周期信号 $x(t)$ と $\cos(2\pi n f_0 t)$ との内積を計算すると，$x(t)$ に含まれる周波数成分のうち，$\cos(2\pi n f_0 t)$ 以外の成分は直交しているから，$\cos(2\pi n f_0 t)$ 成分のみが出力される．つまり

$$<x(t),\ \cos(2\pi n f_0 t)> = \frac{T}{2} a_n \tag{1・37}$$

となるので

$$a_n = \frac{2}{T} \int_{-T/2}^{T/2} x(t) \cos(2\pi n f_0 t)\ dt \tag{1・38}$$

と求めることができるのである．a_0 は直流成分であるから，$x(t)$ を 1 周期平均すれば得られる．何事も数式だけを追うのではなく，その物理的意味を理解することが肝要である．

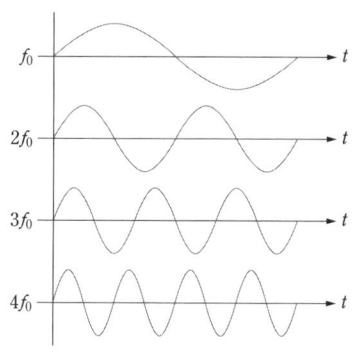

● 図 1・8 三角関数の直交性 ●

── ときには歴史に思いを馳せてみよう ──

　フーリエ（Jean-Baptiste Joseph Fourier，1768-1830）はフランスの物理学者かつ数学者である．同じ時代には，ラプラスやラグランジェもおり，ちょうどナポレオンの時代である．当然ながら，ナポレオンとの関わりも深く，エジプト遠征にも同行しており，後に，ナポレオンから男爵の爵位を授かっている．ナポレオン軍がエジプト遠征の際にロゼッタストーンを発見してフランスへもち帰ったというのは有名だが，フーリエはそれをフランスで一時期，保管していたらしい．そのとき，少年シャンポリオンは初めてロゼッタストーンを見て，ヒエログリフを解読しようと決心したようだ．歴史的な偉業や事件およびそれらに関わる人々のつながりが歴史の醍醐味である．ときは脇道に逸れてみるのも面白い．

まとめ

本章では，通信システムで用いられている信号の表現方法とその性質について学んだ．周期的な確定信号は，電力が有限であり，フーリエ級数展開により無限の離散的な周波数成分をもつ信号の和として表現できることを理解した．また，エネルギーが有限な確定信号は，フーリエ変換を用いて連続なスペクトルをもつことを理解した．そして，信号の時間領域での操作と周波数領域での操作の相互作用についても理解した．次章以降を学んでいくうえでの基本的な信号解析手法を身につけたことになる．

演習問題

問 1 信号 $x(t) = \cos(10\pi t) - \sin(10\pi t)$ を $v(t) = A_c \cos(2\pi f_c t + \theta)$ と変形して，振幅 A_c，瞬時周波数 f_c，初期位相 θ および平均電力 P_T を求めよ．

問 2 周期 2π をもつ図 1・9 のような関数 $x(t)$ のフーリエ級数を求めよ．また，その部分和をグラフに書いて確かめよ．

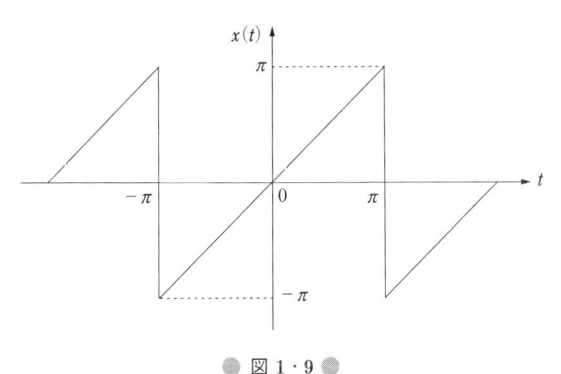

● 図 1・9 ●

問 3 次の関数のフーリエ変換を求めよ．

(1) $x(t) = \begin{cases} k & : 0 < t < a \\ 0 & : \text{otherwise} \end{cases}$

(2) $x(t) = \begin{cases} 1 & : 0 \leq t \leq a \\ -1 & : -a \leq t < 0 \\ 0 & : |t| > a \end{cases}$

(3) $x(t) = \begin{cases} \cos(2\pi f_0 t) & : |t| \leq \tau/2 \\ 0 & : |t| > \tau/2 \end{cases}$

(4) $x(t) = \begin{cases} e^{-at} & : 0 < t \\ 0 & : t < 0 \end{cases}$

(5) $x(t) = \begin{cases} 1 - \dfrac{|t|}{T_0} & : |t| \leq T_0 \\ 0 & : |t| > T_0 \end{cases}$

2章

狭帯域信号と線形システム

　通信システムにおいて，送信機，通信路，受信機などの信号を処理・伝送する装置は，線形システムとして扱うことができる．本章では，線形システムにおける入出力関係の時間領域表現および周波数領域表現について学ぼう．そして，信号伝送における波形歪みの原因と歪みなしで伝送するための条件について理解しよう．さらに，伝送系における信号の帯域表現と等価低域表現について学ぼう．

1　線形システムを学ぼう

〔1〕線形時不変システム

　図 2·1 において，$x(t)$ および $y(t)$ をそれぞれシステムの入力と出力とすると，入出力の関係は

$$y(t) = \Phi[x(t)] \tag{2·1}$$

と記述できる．図 2·2(a) にあるように，次式の重ね合わせの理（重畳性）が成り立つとき，そのシステムは**線形**であるという．

● 図 2·1　システムの入出力 ●

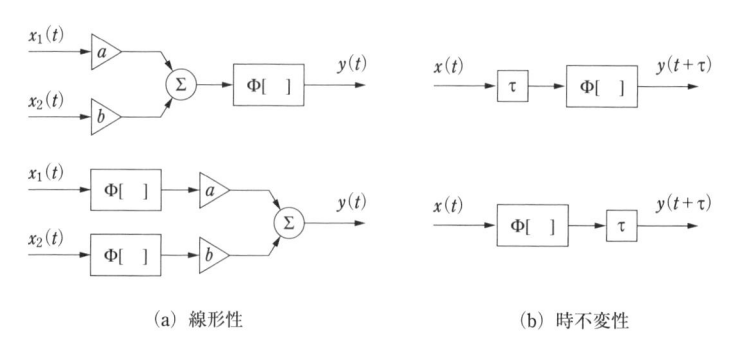

(a) 線形性　　　　　　　　　　　(b) 時不変性

● 図 2·2　線形性と時不変性 ●

$$\Phi[ax_1(t)+bx_2(t)] = a\Phi[x_1(t)] + b\Phi[x_2(t)] \qquad (2\cdot2)$$

これは，入力がいくつかの信号の重み付け和になっているとき，その出力もまたそれぞれの信号の出力の重み付け和になっていることを示している．

また，図 2·2(b) にあるように，システムが時間的に不変であれば次式が成り立つ．

$$y(t+\tau) = \Phi[x(t+\tau)] \qquad (2\cdot3)$$

つまり，システムへ入力する時点に関係なく同じ出力が得られることを示している．このように，式 (2·2)，(2·3) が成り立つシステムを**線形時不変システム**という．

〔2〕 インパルス応答と畳込み

線形時不変システムの特性はどのように表すことができるであろうか．その時間領域表現が**インパルス応答**である．インパルス応答 $h(t)$ は，単位インパルス（デルタ関数）$\delta(t)$ を入力としたときのシステムの応答として定義される．

$$h(t) = \Phi[\delta(t)] \qquad (2\cdot4)$$

インパルス応答を用いると，任意の入力 $x(t)$ に対するシステムの出力 $y(t)$ は，次式のように畳込み積分で与えられる．

$$\begin{aligned} y(t) = x(t) \otimes h(t) &= \int_{-\infty}^{\infty} x(\tau)h(t-\tau)\,d\tau \\ &= \int_{-\infty}^{\infty} h(\tau)x(t-\tau)\,d\tau \end{aligned} \qquad (2\cdot5)$$

〔3〕 伝達関数

線形時不変システムの特性を周波数領域で表現したものが**伝達関数**である．時間領域と周波数領域は，フーリエ変換で関連づけられるので，伝達関数 $H(f)$ はインパルス応答 $h(t)$ のフーリエ変換として求めることができる．

$$H(f) = \mathcal{F}[h(t)] = \int_{-\infty}^{\infty} h(t)\,e^{-j2\pi ft}\,dt \qquad (2\cdot6)$$

ここで，入力 $x(t)$，出力 $y(t)$ のフーリエ変換をそれぞれ $X(f)$，$Y(f)$ とすると，フーリエ変換の畳込みの性質から

$$Y(f) = H(f)X(f) \qquad (2\cdot7)$$

と記述できる．入力 $x(t)$ が単位インパルス $\delta(t)$ のとき $X(f) = 1$（1章の例 1.4 参照）であることから，伝達関数は，あらゆる周波数の正弦波を一度にシステムへ入力して得られた出力に等しいということを意味している．

線形時不変システムの入出力関係を時間領域と周波数領域で表現してまとめると，図 2·3 となる．

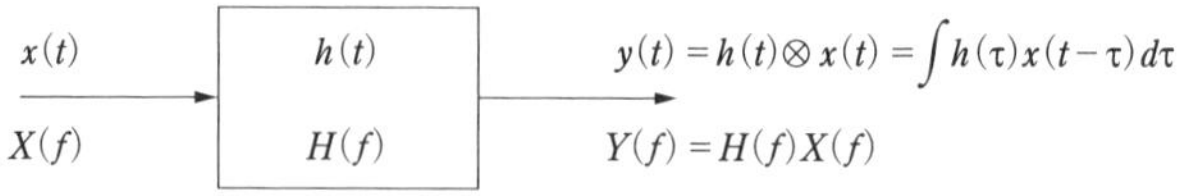

● 図 2・3　線形時不変システムの入出力関係 ●

② 伝送歪みを理解しよう

線形時不変システムへの入力として複素正弦波 $Ae^{j(2\pi f_c t + \phi)}$ を考えよう．このときの出力は

$$\begin{aligned}
y(t) &= \int_{-\infty}^{\infty} h(\tau)\, A\, e^{j\{2\pi f_c(t-\tau) + \phi\}}\, d\tau \\
&= \left[\int_{-\infty}^{\infty} h(\tau)\, e^{-j(2\pi f_c \tau)}\, d\tau\right] A\, e^{j(2\pi f_c t + \phi)} \\
&= H(f_c)\, A\, e^{j(2\pi f_c t + \phi)}
\end{aligned} \qquad (2\cdot 8)$$

となり，入力と同じ周波数の正弦波が出力されていることがわかる．このように，線形時不変システムの伝達関数は，入力の正弦波に与える振幅と位相変化の特性を表しているといえ，極座標表示を用いて

$$H(f) = |H(f)|\, e^{j\theta(f)} \qquad (2\cdot 9)$$

と記述できる．ここで，$|H(f)|$ を**振幅特性**，$\theta(f) = \angle H(f)$ を**位相特性**という．インパルス応答 $h(t)$ が実関数のとき，式 (2·6) より $H(-f) = H^*(f)$ であるので，振幅特性は偶対称，位相特性は奇対称となる．

$$|H(-f)| = |H(f)|, \quad \angle H(-f) = -\angle H(f) \qquad (2\cdot 10)$$

通信システムでは，さまざまな周波数成分をもつ信号から希望する周波数成分のみを取り出したり，干渉を引き起こすような不必要な周波数成分を除去もしくは減衰させるように伝達関数 $H(f)$ を設計する．このとき，入力信号 $x(t)$ と出力信号 $y(t)$ は同じ波形，つまり以下の入出力関係が得られるような無歪みであることが望ましい．

$$y(t) = k\, x(t - t_d) \qquad (2\cdot 11)$$

ここで，k は任意の係数，t_d は入力に対する出力の遅延時間である．これをフー

リエ変換すると時間シフトの性質から次式が得られる.

$$Y(f) = k\, X(f)\, e^{-j2\pi f t_d} \qquad (2・12)$$

よって,無歪み伝送となるための伝達関数は

$$H(f) = k\, e^{-j2\pi f t_d} \qquad (2・13)$$

となる.これより,振幅特性が一定で,位相は周波数に比例して $2\pi f t_d$ だけ直線的に遅延する線形位相特性をもつ必要があることがわかる.

[例 2.1]

線形位相でないとなぜ波形が歪んでしまうのか調べてみよう.振幅特性が1(フルパス)で,図 2・4 に示すような (a) 線形,(b) 非線形の位相特性のシステムに,次式のような三つの正弦波からなる複合信号を入力として与えた場合を考えよう.

$$x(t) = A_1 \sin(2\pi f_1 t) + A_2 \sin(2\pi f_2 t) + A_3 \sin(2\pi f_3 t), \quad f_1 < f_2 < f_3$$
$$(2・14)$$

まず線形位相特性の場合について,$x(t)$ の各々の成分ごとに出力を求めてみると

$$\begin{cases} 入力 : A_1 \sin(2\pi f_1 t) & \Rightarrow & 出力 : A_1 \sin(2\pi f_1 t - 2\pi\alpha f_1) \\ 入力 : A_2 \sin(2\pi f_2 t) & \Rightarrow & 出力 : A_2 \sin(2\pi f_2 t - 2\pi\alpha f_2) \\ 入力 : A_3 \sin(2\pi f_3 t) & \Rightarrow & 出力 : A_3 \sin(2\pi f_3 t - 2\pi\alpha f_3) \end{cases} \qquad (2・15)$$

となる.線形システムの性質から,これら三つの出力を加え合わせたものが出力 $y(t)$ であるので

$$y(t) = A_1 \sin(2\pi f_1 (t-\alpha)) + A_2 \sin(2\pi f_2 (t-\alpha)) + A_3 \sin(2\pi f_3 (t-\alpha))$$
$$(2・16)$$

と求められる.これは,出力 $y(t)$ が入力 $x(t)$ の形を変えることなく時間軸で α だけ右へ平行移動したことを表している.

(a) 線形位相特性 (b) 非線形位相特性

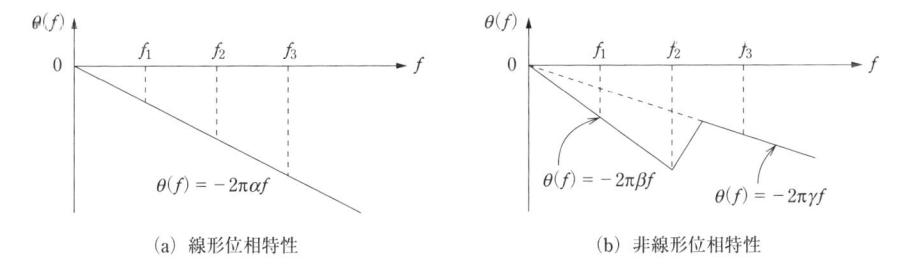

図 2・4 線形・非線形位相特性

同様にして，図 2·4(b) の非線形位相特性の場合について見てみよう．各成分ごとの出力は

$$\begin{cases} 入力：A_1\sin(2\pi f_1 t) & \Rightarrow \quad 出力：A_1\sin(2\pi f_1 t - 2\pi\beta f_1) \\ 入力：A_2\sin(2\pi f_2 t) & \Rightarrow \quad 出力：A_2\sin(2\pi f_2 t - 2\pi\beta f_2) \\ 入力：A_3\sin(2\pi f_3 t) & \Rightarrow \quad 出力：A_3\sin(2\pi f_3 t - 2\pi\gamma f_3) \end{cases} \quad (2\cdot17)$$

となる．したがって，出力 $y(t)$ は

$$y(t) = A_1\sin(2\pi f_1(t-\beta)) + A_2\sin(2\pi f_2(t-\beta)) + A_3\sin(2\pi f_3(t-\gamma))$$

$$(2\cdot18)$$

となり，$x(t)$ を平行移動したものにはなっていない．

このようすを**図 2·5** に示す．線形位相特性をもつシステムの出力は，その入力波形を時間軸上で平行移動したものであり，非線形位相特性をもつシステムの出力波形には波形歪みが生じていることが確認できるであろう．無線通信では，建物などに電波が反射して伝搬するため，伝搬遅延の異なる複数の信号が受信点で重なり合って到着する．これを**マルチパス通信路**といい，波形歪みを生じさせる．

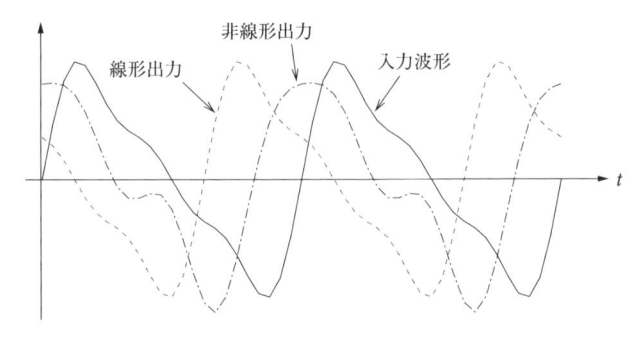

● 図 2·5　線形・非線形位相特性をもつシステムからの入出力例 ●

3　フィルタを学ぼう

〔1〕　フィルタ

フィルタとは濾波器のことであり，信号から任意の周波数成分を強調したり，減衰させたりする周波数選択性をもつ線形システムのことである．例えば，ある周波数 f_m 以下のみを通過させる低域通過フィルタ (LPF: low pass filter) や周波数

f_L から f_H の範囲のみを通過させる帯域通過フィルタ (BPF: band pass filter) などがある．実際のフィルタは，抵抗やコンデンサなどのアナログ素子でつくられるものや，ディジタル信号をソフトウェアで処理するものがある．

〔2〕 **理想フィルタと実際のフィルタ**

ここでは，信号伝送を考えるうえで必要となる理想フィルタと実際のフィルタについて考えてみよう．理想的なフィルタは，ある周波数帯域を歪みなく通過させ，それ以外のすべての周波数を完全に抑制するものである．理想低域通過フィルタを例にすると，その伝達関数は，前節の無歪み伝送の条件から，次式で与えられる．

$$H(f) = \begin{cases} k\,e^{-j2\pi f t_d} & (|f| \leq f_m) \\ 0 & (その他) \end{cases} \tag{2・19}$$

ここで，$H(f)$ のフーリエ逆変換によりインパルス応答を求めると

$$h(t) = 2kf_m \mathrm{Sinc}[2\pi f_m(t - t_d)] \tag{2・20}$$

となる．これを**図 2・6** に示す．この図からわかるように，$h(t)$ は Sinc 関数であるから，時間軸上で正負ともに無限に続く．しかし，インパルス応答とは，$t = 0$ で印加された単位インパルス $\delta(t)$ に対するシステムの応答であるので，$t < 0$ での応答は現実にはあり得ない．つまり，因果律を満たしていない．そこで，物理的に実現可能とするには，$t < 0$ の裾を切ってしまい，有限長の応答とすることである．この場合，t_d が十分大きければ理想に近い特性を実現できる．ただし，出力に大きな遅延が生じてしまうことはいうまでもない．

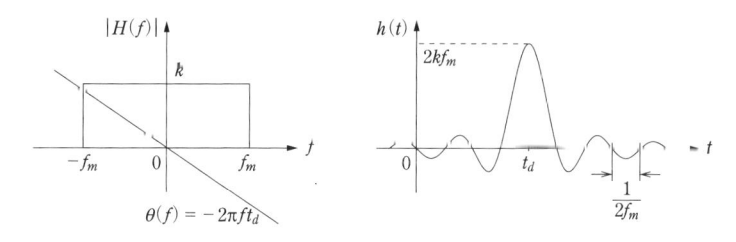

● 図 2・6　理想低域通過フィルタの伝達関数とインパルス応答 ●

［例 2.2］
矩形パルスを**図 2・7** の RC 低域通過フィルタに入力した場合の応答を考えよう．

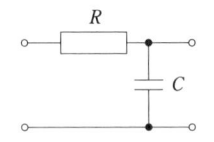

● 図 2・7 RC 低域通過フィルタ ●

このシステムのインパルス応答と伝達関数は次式のようになる．

$$h(t)=\alpha e^{-\alpha t} \iff H(f)=\frac{\alpha}{\alpha+j2\pi f} \tag{2・21}$$

ここで，$\alpha = 1/RC$ は，$|H(f)|$ の値が $|H(0)|$ より 3 dB 減衰する点での周波数であり，**遮断周波数**と呼ばれている．これを**図 2・8** に示す．出力信号 $y(t)$ は，入力信号である矩形パルスとインパルス応答との畳込み積分により得られるので

i) $0<t<T$: $\quad y(t)=\displaystyle\int_0^t 1\cdot\alpha e^{-\alpha(t-\tau)}\,d\tau = 1-e^{-\alpha t}$ (2・22)

ii) $T\leq t$: $\quad y(t)=\displaystyle\int_0^T 1\cdot\alpha e^{-\alpha(t-\tau)}\,d\tau = e^{-\alpha t}(e^{\alpha T}-1)$ (2・23)

と求まる．これを**図 2・9** に示す．これを見てわかるように，なまった波形がパルス幅 T を超えている．ディジタル通信のデータ伝送のように，矩形パルス列が送信される場合は，この波形のなまりが隣のデータシンボルへ干渉する．これを**シンボル間干渉**といい，データの $+1$，-1 の判別が困難になってしまう．

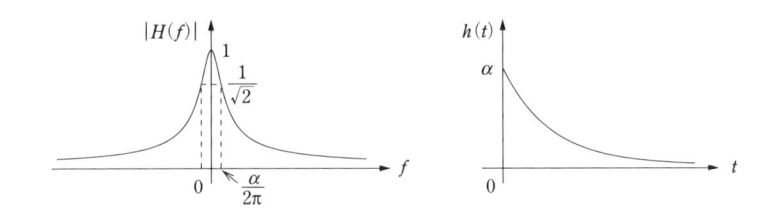

● 図 2・8 RC 低域通過フィルタの伝達関数とインパルス応答 ●

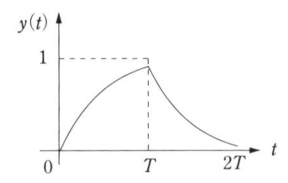

● 図 2・9 RC 低域通過フィルタによる矩形パルスの出力応答 ●

4 帯域系と等価低域系を理解しよう

[1] 狭帯域信号と等価低域系表現

変調波のように搬送波を中心としてある特定の周波数帯域にだけスペクトルを有する信号を**狭帯域信号**といい，そのような系を**帯域系**という．一般に，狭帯域信号は次式で表される．

$$\begin{aligned}x(t)&=r(t)\cos[2\pi f_c t+\theta(t)]\\&=r(t)\cos\theta(t)\cos(2\pi f_c t)-r(t)\sin\theta(t)\sin(2\pi f_c t)\\&=x_I(t)\cos(2\pi f_c t)-x_Q(t)\sin(2\pi f_c t)\end{aligned} \quad (2\cdot 24)$$

ここで，f_c は搬送波周波数で，帯域の中心周波数と一致するものと仮定する．$r(t)$ は振幅，$\theta(t)$ は位相である．また，$x_I(t)=r(t)\cos\theta(t)$ および $x_Q(t)=r(t)\sin\theta(t)$ はそれぞれ**同相成分**および**直交成分**と呼ばれる．

式 (2·24) はさらに，複素正弦波と複素包絡線 $\widetilde{x}(t)$ を用いて，次式のように表現できる．

$$x(t)=\Re\{\widetilde{x}(t)e^{j2\pi f_c t}\} \quad (2\cdot 25)$$

ここで，$\Re\{\ \}$ は，$\{\ \}$ 内の実数部分をとるものとする．このとき，$\widetilde{x}(t)$ を $x(t)$ の**等価低域系表現**といい

$$\widetilde{x}(t)=x_I(t)+jx_Q(t)=r(t)e^{j\theta(t)} \quad (2\cdot 26)$$

と表される．帯域信号を等価低域系で表現することで，同相成分と直交成分を一つの式で表現できるようになり，また搬送波成分を取り除いて処理できるので，解析を簡潔かつ容易にすることが可能となる．

[2] 狭帯域信号のスペクトル

狭帯域信号 $x(t)$ とその等価低域系表現 $\widetilde{x}(t)$ のスペクトルの関係を調べてみよう．$X(f)=\mathcal{F}[x(t)]$，$\widetilde{X}(f)=\mathcal{F}[\widetilde{x}(t)]$ とし，式 (2·25) をフーリエ変換する．

$$\begin{aligned}X(f)&=\int_{-\infty}^{\infty}\Re\{\widetilde{x}(t)e^{j2\pi f_c t}\}\,e^{-j2\pi f t}\,dt\\&=\frac{1}{2}\int_{-\infty}^{\infty}\{\widetilde{x}(t)e^{j2\pi f_c t}+[\widetilde{x}(t)e^{j2\pi f_c t}]^*\}\,e^{-j2\pi f t}\,dt\\&=\frac{1}{2}\int_{-\infty}^{\infty}\widetilde{x}(t)e^{-j2\pi(f-f_c)t}\,dt+\frac{1}{2}\int_{-\infty}^{\infty}[\widetilde{x}(t)e^{-j2\pi(-f-f_c)t}]^*dt\end{aligned}$$

$$= \frac{1}{2}\widetilde{X}(f-f_c) + \frac{1}{2}\widetilde{X}^*(-f-f_c) \tag{2・27}$$

これを図示したものが図 2・10 である.

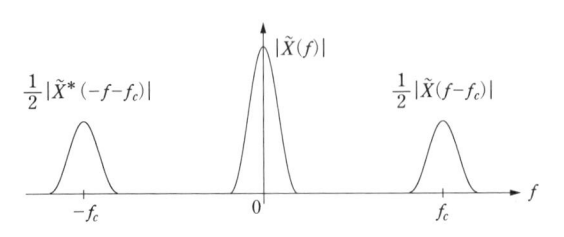

● 図 2・10　狭帯域信号と等価低域信号のスペクトル ●

〔3〕 **帯域系と等価低域系のフィルタ応答**

帯域系のフィルタのインパルス応答を $h(t)$, 出力応答を $y(t)$ とすると, 線形システムの性質から

$$\begin{cases} y(t) = \displaystyle\int_{-\infty}^{\infty} h(\tau)x(t-\tau)\,d\tau \\ Y(f) = H(f)X(f) \end{cases} \tag{2・28}$$

と記述できる. ここで, $y(t) \Longleftrightarrow Y(f)$, $h(t) \Longleftrightarrow H(f)$ である.

同様に, $h(t)$, $y(t)$ の等価低域表現をそれぞれ $\widetilde{h}(t)$, $\widetilde{y}(t)$ とし, フーリエ変換をそれぞれ $\widetilde{H}(f)$, $\widetilde{Y}(f)$ とすると

$$\begin{cases} \widetilde{y}(t) = \displaystyle\int_{-\infty}^{\infty} \widetilde{h}(\tau)\widetilde{x}(t-\tau)\,d\tau \\ \widetilde{Y}(f) = \widetilde{H}(f)\widetilde{X}(f) \end{cases} \tag{2・29}$$

と記述できる. ここで, $h(t)$, $H(f)$ とその等価低域系表現である $\widetilde{h}(t)$, $\widetilde{H}(f)$ には次式の関係がある.

$$\begin{cases} h(t) = 2\Re\left\{\widetilde{h}(t)e^{j2\pi f_c t}\right\} \\ H(f) = \widetilde{H}(f-f_c) + \widetilde{H}^*(-f-f_c) \end{cases} \tag{2・30}$$

図 2・11 にこれらの関係を図示してまとめる.

4 帯域系と等価低域系を理解しよう

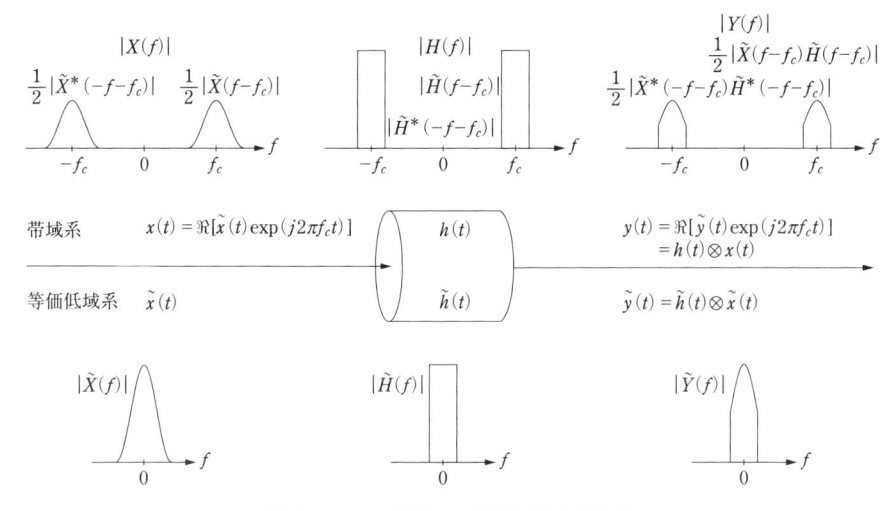

● 図 2・11　帯域系と等価低域系の関係 ●

🗂 畳込みは怖くない 🗂

畳込み積分は，通信工学や信号処理では，システムの入出力関係を表す式として非常に重要である．式で表すと以下のようになるが，これをすぐに理解できる学生は少ない．

$$y(t) = \int_{-\infty}^{\infty} h(t-\tau) x(\tau) \, d\tau$$

そこで，次のような図を用いて説明しよう．**図 2・12** にあるように，二つの信号 $h(\tau)$ と $x(\tau)$ がある．まず，一つ目のポイントは，$h(\tau)$ を左右反転して $h(-\tau)$ とし，さらに t だけシフトさせた $h(t-\tau)$ を用意することである．すると，ある時点 t における出力 $y(t)$ は，この t だけずれた $h(t-\tau)$ と $x(\tau)$ の積を τ の全区間に渡って積分したものであることがわかる．

二つ目のポイントは，t の範囲に気をつけることである．t をずらしながら考えよう．これは，二つの信号（二人の人物）が出会うようすを想像すればよい．(1) $t < 0$ のとき，積 $h(t-\tau)x(\tau) = 0$ であるので，$y(t) = 0$ である．つまり，まだ二人は出会っていない．(2) $0 \leq t < a$ のとき，$y(t)$ は二つの信号が重なった部分の面積に相当する．この間，二人はだんだんと友情を深めていき，(3) $a \leq t < b$ でついに親友となる．(4) $b \leq t < a+b$，出会いがあれば別れもある．(5) $a+b \leq t$，しかし，築き上げた友情は山のように残っている．

わかっていただけたであろうか．そう，人生はまさに畳込みなのである．人との出会いを大切にして充実した学生時代 ($0 \leq t \leq a+b$) を送ってほしい．

2章 狭帯域信号と線形システム

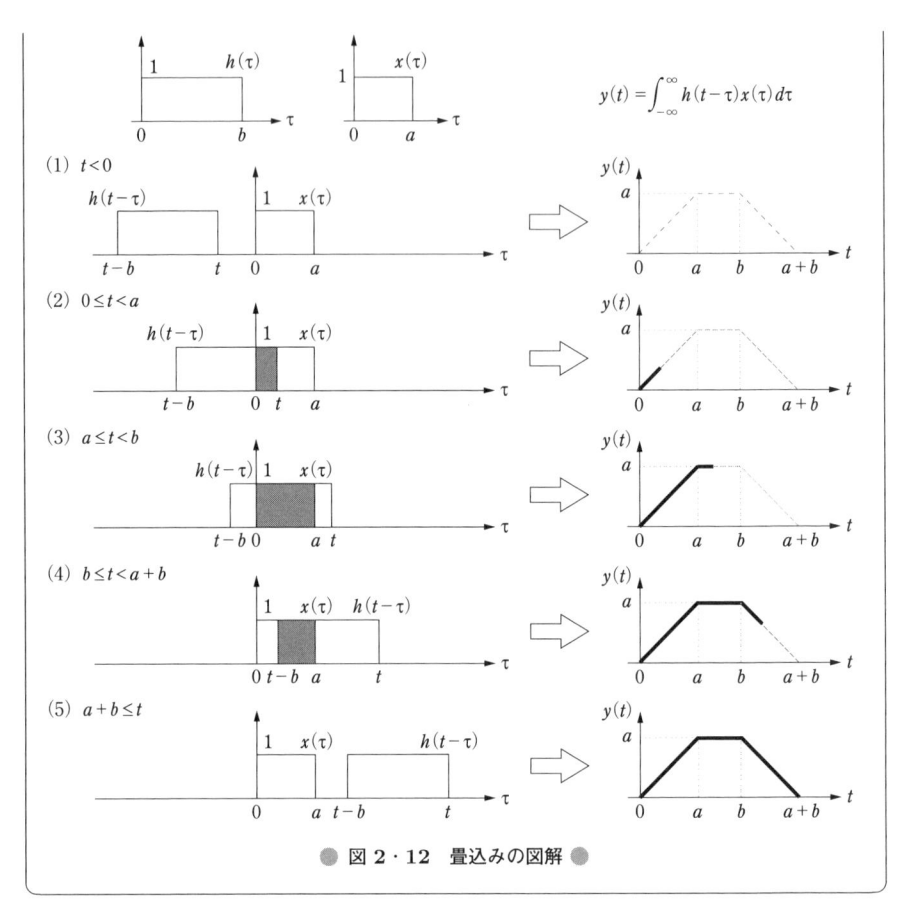

$$y(t) = \int_{-\infty}^{\infty} h(t-\tau)x(\tau)d\tau$$

(1) $t<0$

(2) $0 \leq t < a$

(3) $a \leq t < b$

(4) $b \leq t < a+b$

(5) $a+b \leq t$

● 図 2・12 畳込みの図解 ●

信号の歪みについて

　歪みなく信号を伝送させるには，伝達関数の振幅特性が全周波数にわたって一定で，直線位相特性である必要があると学んだ．信号の歪みとは何か？身近な音声信号と画像信号で考えてみよう．

　音声系のシステムの設計では，振幅特性のみを考慮し，位相特性は利用しないことが多い．これは，人間の耳が位相歪みに鈍感であるためである．音節の長さに対して，位相歪みに伴う時間遅延は十分小さく，人間が気づくほどには大きな変動ではないようである．一方，人間の目は位相歪みに敏感で振幅歪みには鈍感のようである．位相歪みによって画素間に時間遅延が生じると，にじんだような画となって見える．

　ところで，信号伝送では意図的に信号を歪ませる場合もある．通信路の特性を利

用して，送信側であらかじめ信号を歪ませる方法や，受信側で通信路の逆特性の歪みを与える方法などがある．

まとめ

本章では，通信システムにおける伝送系のモデルとしての線形システムについて学んだ．線形システムの特性は，インパルス応答と伝達関数によって一意に決定されることを理解した．また，出力信号は入力信号とインパルス応答の畳込み積分によって得られ，そのスペクトルは入力信号のスペクトルと伝達関数の積で得られることを理解した．このとき，信号を歪みなしで伝送するためには線形位相特性が重要であることを理解した．最後に，伝送系における信号の帯域系表現と等価低域系表現について学んだ．

演習問題

問 1 図 2·13(a) の矩形パルス $x(t)$ を周期 T で繰り返す信号が，遮断周波数 B ($1/T < B < 2/T$) の理想低域通過フィルタ（図 2·13(b)）に入力されたときの出力 $y(t)$ を求めよ．

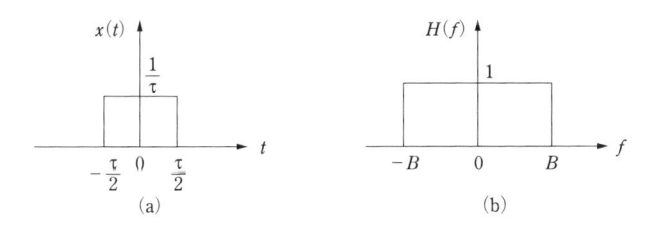

図 2·13 (a) 矩形パルス，(b) 理想低域通過フィルタ

問 2 図 2·13(a) の矩形パルス $x(t)$ が，遮断周波数 B ($=1/\tau$) の理想低域通過フィルタ $H_1(f)$ に入力されたときの出力を $y_1(t)$ とする．同様に，$\delta(t)$ が遮断周波数 $B/2$ の理想低域通過フィルタ $H_2(f)$ に入力されたときの出力を $y_2(t)$ とする．
  (1) $y_1(t)$ および $y_2(t)$ のスペクトル $Y_1(f)$，$Y_2(f)$ をそれぞれ図示せよ．
  (2) $y(t) = y_1(t)y_2(t)$ を歪みなく通すために必要な理想低域通過フィルタの遮断周波数を求めよ．

3章

無線通信路

　送信機のアンテナから放射された電波は，受信機のアンテナで受信される間に減衰し，また場合によっては周波数特性や位相特性も変化する．さらに受信機の入力には，受信したい信号だけではなく，雑音や他の無線システムの信号も到達し妨害となる．本章では，信号にこのような影響を与える，送受信機間を結ぶ無線通信路の性質について学習する．

1 電波の分類を学ぼう

　無線通信に利用される電波は，その周波数によって伝搬特性が異なる．そこで電波は**表 3·1** のように分類される[†1]．

表 3·1　無線通信に用いられる搬送波周波数と用途の例

周波数	名称・用途
3 k〜30 kHz	超長波(VLF)
30 k〜300 kHz	長波(LF)(電波時計, 長波ラジオ放送など)
300 k〜3 MHz	中波(MF)(中波ラジオ放送など)
3 M〜30 MHz	短波(HF)(航空無線, 短波ラジオ放送など)
30 M〜300 MHz	超短波(VHF)(FMラジオ放送など)
300 M〜3 GHz	極超短波(UHF)(携帯電話, 地上波ディジタルテレビジョン放送など)
3 G〜30 GHz	マイクロ波(SHF)(無線LAN, 衛星放送)
30 G〜300 GHz	ミリ波(EHF)(衛星通信, レーダーなど)
300 G〜3 THz	サブミリ波(＜フロンティア＞)
赤外線	0.7〜数百 μm(〜約400 THz)
可視光	380〜780 nm(400〜800 THz)

2 電波伝搬のいろいろを知ろう

〔1〕 低い周波数帯での伝搬

　最も低い周波数帯である超長波では，電波は，地球と電離層の間の空間を導波管のように伝わり，電波は全地球的に拡がってゆく（**導波管的伝搬**）．また中波

[†1] M（メガ）は 10^6 倍，すなわち百万倍，G（ギガ）は 10^9 倍，すなわち十億倍，T（テラ）は 10^{12} 倍，すなわち一兆倍である．また，電波の略称の最後の文字 F は frequency，後ろから二文字目は，L: low，M: medium，H: high である．さらにその前につく文字は，V: very，U: ultra，S: super，E: extremely を表す．

図 3・1 電離層

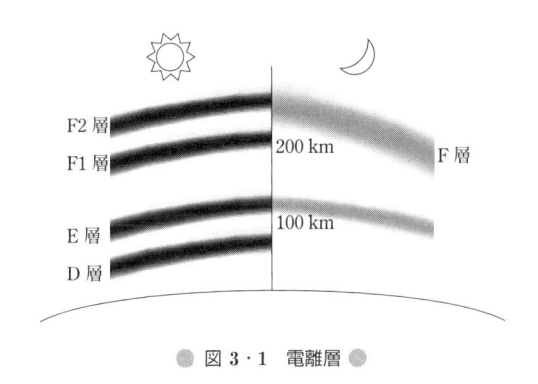

は，主に地表に沿って伝搬する（**地表波**）．このため中波のラジオ放送のサービスエリアは 100～200 km が限界である．一方，短波や夜間の中波は，上空に存在する電離層に反射することにより長距離の伝搬が可能である（**上空波**，**電離層反射波**）．例えば 1 回の F 層反射の場合 140～400 km 程度の伝搬が可能であり，特に短波では複数回の反射により全地球規模の伝送が比較的省電力で実現される．電離層は，太陽黒点数，季節，また時刻により変化する．**図 3・1** に電離層の概略のイメージを示す．

〔2〕 **高い周波数帯での伝搬**

超短波帯以上の高い周波数では，安定な電離層反射はほとんど期待できない．波長が短く直進性が高いため**見通し伝搬**が重要となる．特に送受信アンテナが完全に見通しである場合を **LOS**（Line of Sight）**伝搬**と表現し，到来する信号を**直接波**という．送信アンテナからの信号エネルギーは距離に応じて，球面上に拡散する．このため，直接波の受信信号強度は，送受信アンテナ間距離の約二乗に反比例する．また送受信アンテナが互いに完全に見通しでない場合も，高い周波数帯では，建物壁などでの反射や建物の角などで回折を繰り返すことで見通し外でも通信が可能となることがある．このような伝搬を **NLOS**（Non Line of Sight）**伝搬**という．NLOS 伝搬では，受信信号強度は，送受信アンテナ間距離の約二～四乗に反比例する．

3 フェージングとは，シャドウイングとは

ここでは，携帯電話や無線 LAN などに用いられている超短波や極超短波以上の高い周波数帯の信号に議論を絞り，その電波伝搬の性質について述べる．

〔1〕 マルチパスフェージング

　実際の無線システム，特に移動体通信システムでは，基地局と端末が見通し位置にあることはまれであり，通信は基地局から移動端末までの間に建物などで反射を繰り返してきた電波で行われる．このような場合，受信機入力には異なった複数の経路による信号が現れる．このように複数の電波伝搬路が存在する状況を**マルチパス環境**という．

　マルチパス環境で，複数の反射波および直接波が強めあったり弱めあったりした結果である受信信号電界強度は，送受信機の位置変化によって大きく変動する．また，送受信機位置が不変でも，反射や回折の原因となるものの状況が変わっても同じことがいえる．これを**マルチパスフェージング**という．

　送受信アンテナや反射体の位置が波長程度変わるだけで各経路の位相回転量が 2π 変化する．このため，マルチパスに起因するフェージングによる受信電力は，波長程度の距離変化（例えば 2 GHz 帯なら約 15 cm）で大きく変動する．

● コヒーレンス時間

　チャネルが時間変動するとき，チャネルの状況がほぼ同じとみなせる時間を**コヒーレンス時間**という．一般に信号の周波数帯域幅の逆数（ディジタル信号ならパルス幅）がコヒーレンス時間より十分小さいとき**遅いフェージング**（slow fading）という．逆に，信号の帯域幅よりもコヒーレンス時間の逆数（**ドプラ広がり**という）が大きい場合は，**速いフェージング**（fast fading）という．

● コヒーレンス帯域幅

　マルチパスフェージングによる信号の強さは，端末の位置だけではなく信号の周波数にも左右される．具体的には，図 3・2 のように特定の周波数において大きな減衰となる．この大きな減衰が発生する周波数は，端末や反射体の移動に伴い変化する確率変数である．二つの異なる周波数における減衰量がほぼ無相関とい

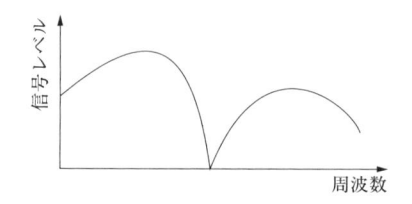

● 図 3・2　マルチパスフェージングの周波数特性例 ●

える周波数間隔を**コヒーレンス帯域幅**という．もし信号帯域幅がコヒーレンス帯域幅より十分大きいと，信号の帯域内において周波数によってフェージングの大きさが不均一になる．このような現象を**周波数選択性フェージング**という．逆に，信号帯域幅がコヒーレンス帯域幅より十分小さいと，信号はその帯域内で一定のフェージングをうける．このような場合は，**周波数非選択性フェージング**，あるいは，**フラットフェージング**という．

〔2〕 シャドウイング

マルチパスフェージング環境では，送信機から発射された電波は，あちこちで反射し，多数の反射波として受信機に到達する．この状況においても，例えば受信機に到来する電波の方向には偏りがある．また送信側にしても，受信機に到達する方向とそうでない方向がある[†2]．このような状況で，受信アンテナにおいて多数の信号が到来している方向や，送信アンテナで受信機へ到達する信号が多い方向が遮られるような状況が起きると，受信信号の電力が大きく低下する．これを**シャドウイング**（shadowing）という．移動体通信に用いられる UHF 帯においては，ビルなどの遮へいが支配的である．したがって，マルチパスフェージングとは異なり，波長程度の移動では遮へいの状況は変わらない．

4 雑音と干渉のいろいろを知ろう

〔1〕 雑音

受信機では，希望信号と同時に，希望しない信号や雑音も入力されてしまうことがある．これらをまとめて**加法性擾乱**と呼ぶ．無線通信において，逃れることのできない加法性擾乱として，主に受信機の初段で発生する**熱雑音**がある．多数の電子の不規則な熱振動によって生じる熱雑音の大きさは中心極限定理によりガウス分布に従う[†3]．また，この雑音は，通常の無線通信信号より広い帯域に渡ってほぼ均一なスペクトルをもつことが多い．そこで，無線通信システムの解析では，電力スペクトル密度がすべての周波数で一定であるようなガウス雑音を仮定することが一般的である．この雑音は**加法性白色ガウス雑音**とよばれ，**AWGN**（additive white gaussian noise）と略記される．

[†2] 例えば室内に端末があるような状況では，窓側から（窓側へ）の電波が主となろう．
[†3] 希望信号とともに多数の干渉信号が受信されている場合も，中央極限定理により，干渉信号の合計をガウス分布に従う雑音として表現することがしばしば行われる．

近年では，各種の電気機器やガソリンエンジンのイグニッションノイズなどの雑音が問題になっている．この雑音は，統計的性質が白色ガウス雑音と大きく異なる．瞬時電力が時間とともに変動するような場合もある．例として，図3・3に，商用電源の電力線上で観測された雑音の波形例を示す．

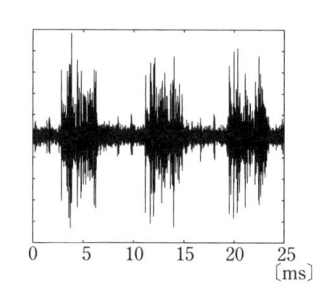

● 図3・3 時変の雑音例：電力線通信での雑音 ●

〔2〕 **他の電波機器からの干渉**

例えば「電波のごみ箱」ともいわれる ISM (industry science medical) バンドを用いる無線 LAN などでは，電波を信号としてではなくエネルギーとして利用する機器からの干渉も存在する．例えば，電子レンジは，家庭用であっても数百Wの出力電力をもち，仮に 60 dB のシールドがあっても，数百 μW の電力の干渉となる．また，これらの干渉波は，通信用の電波と異なり，広い帯域幅をもつとともに，中心周波数が大きく変動する特徴をもつ．

〔3〕 **他システムからの干渉**

無線通信システムへの需要が高まるにつれて，同一あるいは隣接の場所で，同じあるいは極めて近い周波数帯域を使用する無線システムが複数使用されることがある．同一の周波数帯を利用している無線システム，低軌道衛星通信システム，マイクロ波中継システムなどがこの例である．このような場合，無線通信システムは耐干渉性を高めるだけでなく，他のシステムに与える影響が小さくなるような工夫をすることが必要である．

〔4〕 **セル（エリア）間干渉**

無線周波数は有限である．そこである程度以上離れた場所では，同一の周波数を割り当て，周波数を繰り返し利用することが広く行われている．特に携帯電話やPHSシステムでは，セルラ方式が採用されている．これはサービスエリア内に複数の基地局を配置し，それらを中心とするエリア（**セル**という）において，図

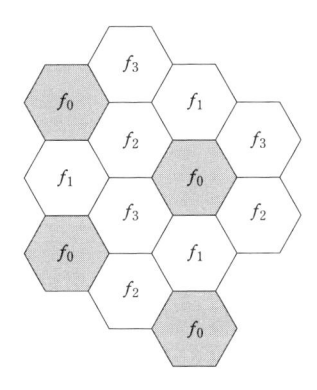

● 図 3・4 セルラ方式による周波数再利用例 ●

3・4のように，一定間隔ごとに同一の周波数を割り当てるものである．また無線LANにおいても複数の基本サービスエリアでこのような周波数の繰返し利用が行われる．このような場合，電波伝搬の状況によっては，同一システム内でも，他のエリアの信号が干渉となり得る．

〔5〕 **セル（エリア）内干渉：多元接続干渉**

同一システム内の複数の局が周波数資源を分けあう方法である多元接続方式の一つに**符号分割多元接続方式（CDMA）**がある．この方式の場合は，複数の局が同一周波数を同時に使用するため，自システム内の他局が干渉となり得る．またパケット化したデータを伝送する無線パケット方式でも，同様に自システム内の他局が干渉となる．

5 フェージングの数学的表現

〔1〕 **時変フィルタとしてのフェージング**

送信信号
$$s(t) = \Re[u(t)e^{j2\pi f_c t}] \qquad (3\cdot1)$$
が，L通りの伝搬経路で受信機に到達するとする．このような無線通信路を**マルチパス通信路**という．この出力信号は

$$x(t) = \Re\left[\left(\sum_{\ell=0}^{L-1} \alpha_\ell(t) e^{-j2\pi f_c \tau_\ell(t)} u(t-\tau_\ell(t))\right) e^{j2\pi f_c t}\right] \qquad (3\cdot2)$$

となる．ただし，$\alpha_\ell(t)$はℓ番目の経路の時刻tにおける減衰量であり，$\tau_\ell(t)$はその伝搬遅延量である．また$\Re[\ ]$はかっこ内の複素数の実数成分を表す．

ここで

$$c(\tau;t)=\sum_{\ell=0}^{L-1}\alpha_\ell(t)e^{-j2\pi f_c\tau_\ell(t)}\delta(\tau-\tau_\ell(t)) \tag{3・3}$$

とすると，式 (3・2) は

$$x(t)=\Re\left[\left(\int_{-\infty}^{\infty}c(\tau;t)u(t-\tau)d\tau\right)e^{j2\pi f_c t}\right] \tag{3・4}$$

となる．すなわち，通信路出力 $x(t)$ は，送信信号が，等価低域系インパルス応答が $c(\tau;t)$ であるような時変フィルタの出力で表現できる．

上で与えたマルチパス通信路のインパルス応答 $c(\tau;t)$ は，時刻 t でインパルスが入力したときにそこから τ 秒後の信号の出力の大きさを表現している[†4]．またこのインパルス応答の τ に関するフーリエ変換 $C(f;t)$ を考えると，時刻 t における通信路の周波数応答を得ることができる．

〔2〕 **フェージングの振幅特性**

送信信号が振幅 1 で位相が 0 の正（余）弦波すなわち $u(t)=1$ とする．このときマルチパス通信路出力は

$$x(t)=\Re\left[\left(\sum_{\ell=0}^{L-1}\alpha_\ell(t)e^{-j2\pi f_c\tau_\ell(t)}\right)e^{j2\pi f_c t}\right]=\Re\left[c(t)e^{j2\pi f_c t}\right] \tag{3・5}$$

となる．つまり周波数 f_c の信号は，この通信路を通過すると振幅が $|c(t)|$ 倍となり，位相が $\arg(c(t))$ だけ回転する．ただし

$$c(t)=\sum_{\ell=0}^{L-1}\alpha_\ell(t)e^{-j2\pi f_c\tau_\ell(t)} \tag{3・6}$$

である．

ところで，各経路の減衰量・遅延量は，経路によって異なる確率変数である．したがって，$c(t)$ は確率変数の和となる．また $2\pi f_c\tau_\ell(t)$ は，伝搬経路長が 1 波長変わるだけで 2π 変化することを念頭におくと，$\alpha_\ell(t)e^{-j2\pi f_c\tau_\ell(t)}$ は互いに独立な確率変数であると仮定することは自然である．この仮定が成り立つ場合，各経路の減衰量がほぼ等しいならば，$c(t)$ は中央極限定理により，零平均の複素ガウス分布となる．したがって，マルチパス通信路出力の振幅値 $|c(t)|$ は，以下のレイ

[†4] フィルタのインパルス応答 $c(\tau)$ が時間と共に変化する．その時間変化を表現しているのが t.

リー分布に従うことになる．このような場合，通信路は**レイリーフェージング通信路**であるという．

$$\mathrm{Prob}[|c(t)|=r]=\frac{2r}{\Omega}e^{-r^2/\Omega} \quad (r\geq 0) \tag{3・7}$$

なお，上式の Ω は

$$\Omega=\mathrm{E}(|c(t)|^2) \tag{3・8}$$

である．

次に，一つの経路のみ信号強度が卓越して大きい場合を考える．これは，見通しで直接到来している信号と，反射により到来している信号が併存している場合である．このような場合は，チャネルの振幅値 $|c(t)|$ は，**ライス分布**に従うことになり，チャネルは**ライス（仲上・ライス）フェージング通信路**であるという．ライスフェージング通信路の振幅密度分布は，以下のようになる．

$$\mathrm{Prob}[|c(t)|=r]=\frac{2r}{\Omega}e^{-(r^2+s^2)/\Omega}\mathrm{I}_0\left(\frac{2rs}{\Omega}\right) \quad (r\geq 0) \tag{3・9}$$

ここで $\mathrm{I}_0(\ )$ は 0 次変形ベッセル関数である．

〔3〕 **シャドウイング**

シャドウイングは，マルチパスフェージングの変動の平均値 (3・8) の変動ととらえることができる．シャドウイングの数学モデルとしては，平均受信電力の dB 換算値 $(P_r = 10\log_{10}\Omega)$ が正規分布となるという仮定がしばしば用いられる．すなわち

$$\mathrm{Pdf}(P_r)=\frac{1}{\sqrt{2\pi}\sigma_s}\exp\left\{\frac{(P_r-P)^2}{2\sigma_s^2}\right\} \tag{3・10}$$

と表現できる．

6 雑音の数学的表現

〔1〕 **AWGN**

加法性白色ガウス雑音では，全周波数において，一様に電力が分布する．したがって，全雑音電力は無限大となる．これは仮想の雑音であり，実際には存在しない．しかし，システムの帯域内においてスペクトルが一定であるような雑音には，しばしば遭遇する．このような場合には，雑音は議論している帯域の外を含めて一様なスペクトルをもつと考えると，議論が簡明になる．例えば，周波数応

答 $H(f)$ のフィルタの出力の雑音の電力スペクトル密度が，$|H(f)|^2 \times N_o/2$ であるならば，フィルタの入力に（両側）電力密度スペクトル $N_o/2$ の白色雑音が存在すると考える．

〔2〕 狭帯域ガウス雑音

電力が，周波数 $f = f_c$ 付近に集中し，その帯域幅が中心周波数以下であるような雑音を狭帯域雑音という．

狭帯域不規則信号である雑音の見本関数 $n(t)$ は，確定信号と同様に，以下のように記述できる．

$$n(t) = a(t)\cos[2\pi f_c t + \phi(t)] = x(t)\cos 2\pi f_c t - y(t)\sin 2\pi f_c t \quad (3 \cdot 11)$$

ただし

$$x(t) = a(t)\cos\phi(t), \qquad y(t) = a(t)\sin\phi(t) \quad (3 \cdot 12)$$

である．なお，上の式の，$a(t)$，$\phi(t)$ は雑音の包絡線と瞬時位相，また $x(t)$，$y(t)$ は雑音の同相成分と直交成分である．

狭帯域雑音 $n(t)$ の瞬時値 X が式 (3・13) に従う確率分布をとるとき，これを**狭帯域ガウス雑音**と呼ぶ．これは AWGN をフィルタリングしたものと考えることもできる．

$$\mathrm{Prob}[X = n(t)] = \frac{1}{\sqrt{2\pi\sigma^2}} e^{-X^2/2\sigma^2} \quad (3 \cdot 13)$$

このとき，式 (3・11) において，$x(t)$，$y(t)$ は，互いに独立で平均 0，分散 σ^2 のガウス分布に従う．

電波伝搬？電波伝播？

電波が伝わっていくことを英語では "propagation" という．この単語の日本語訳としては，「伝播」と「伝搬」という二つの表現が用いられている．アンテナから放射された電波も，文化や熱と同じく伝わりひろまっていくので，「伝播」が適切と考えられる．しかし「伝播」の発音は「デンパ」であり，「電波伝播」は「デンパデンパ」となってしまう．そのせいか，無線通信の業界では「伝播」をデンパンと発音する習慣がある．また現在では「播」の文字は，当用漢字に含まれていない．そこで，発音が「デンパン」である「伝搬」という表現が広く用いられている．この場合，「搬」と「播」では意味が違うことを指摘する声もある．しかし，無線通信システムは，情報を送信側から受信側に適切に運搬することが目的であり，そのために搬送波を使っている無線通信システムの立場から，本章では「電波伝搬」を用いている（「伝播」を使うと仮名漢字変換で「電波」との切り替えが面倒でもある…）．

まとめ

本章では，無線信号の周波数による伝搬の性質の違いを学んだ．また携帯電話や無線 LAN などに用いられる超短波帯以上の周波数では，直接波と反射波が伝搬の基本であり，その結果マルチパスに起因するフェージングが発生することと，その数学的表現の基本を学習した．フェージングは信号に対して乗積（正確には畳込み）される形で信号変形を引き起こす．一方，信号に加算される形で影響を与えるものとして，主に受信機内部で発生する AWGN や，受信機の外部から信号と共に到来する人工雑音や干渉についても学んだ．実際の無線通信システムでは，電波伝搬や雑音・干渉といった電波環境はさまざまである．これらに適応して通信を行うために，本書で学ぶような各種の変復調方式が開発されてきたのである．

演習問題

問 1 表 3·1 をみると，電波は周波数を 3 kHz の 10 倍ごとに区切って分類している．これは電波（光）の速度が，約 3×10^8 m/s であることに起因している．表のそれぞれの電波区分の波長を計算せよ．

問 2 見通し伝搬で通信ができる距離は，地球が球体であることから限界がある．いま送受信アンテナの高さが等しく h [m] であるとき，それらのアンテナが互いに見通しとなる限界距離 d を求めよ．ただし，地球は半径 r の完全球体であるとし，大気などの影響は考えない．また $h \ll r$ とする．

問 3 送受信アンテナ間には LOS, NLOS の伝搬路がそれぞれ一つずつ存在し，それらの振幅減衰量が，それぞれ $\alpha, \alpha/2$，伝搬遅延時間が $\tau, \tau+\delta$ であるとする．このとき送信信号 $s(t) = \cos(2\pi f_c t)$ の受信点における波形 $x(t)$ の等価低域系表現とその絶対値を求めよ．

問 4 狭帯域雑音の同相成分と直交成分が，互いに独立な平均 0，分散 σ^2 のガウス分布に従うとする．このとき雑音の包絡線振幅と位相，すなわち $a(t)$ と $\phi(t)$ の確率密度関数を求めよ．

4章
アナログ振幅変調信号

　アナログ振幅変調方式は，公共 AM ラジオ放送として始まった歴史ある通信方式であり，アメリカでは 1920 年に，わが国では 1925 年に放送が始まった．アンテナから送出される搬送波の振幅を直接変化させて情報信号を伝送するものであり，簡易な検波器によって受信できる．ここでは，振幅変調方式のいろいろ，振幅変調信号の発生と再生はどうするか，振幅変調方式の品質はどのように測るかについて学ぼう．

1 振幅変調方式のいろいろを学ぶ

[1] 振幅変調（AM: amplitude modulation）方式とスペクトル

通常の**振幅変調方式**の信号波形は

$$v(t) = A[1+km(t)]\cos(2\pi f_c t + \varphi) \qquad (4 \cdot 1)$$

と表せる．ここで A は信号振幅，k は**変調度**あるいは**変調指数** ($0 \leq k \leq 1$)，$m(t)$ は連続的な情報信号であり $|m(t)| \leq 1$，f_c は搬送波（キャリヤ）の周波数，φ は搬送波の位相で一般に $0 \sim 2\pi$ で一様分布する確率変数である．振幅変調波形の例を**図 4・1** に示す．

　変調度 k が 1 より大きくなると**過変調**（over-modulation）の状態になり，信号波形 $v(t)$ は**図 4・2** のようになる．過変調の状態では包絡線の $A[1+km(t)]$ の ± が反転した部分が存在し，単に包絡線を検波しただけでは情報信号の復調はできない．

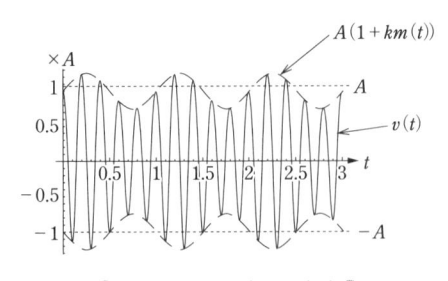

● 図 4・1　振幅変調の波形 ●

1 振幅変調方式のいろいろを学ぶ

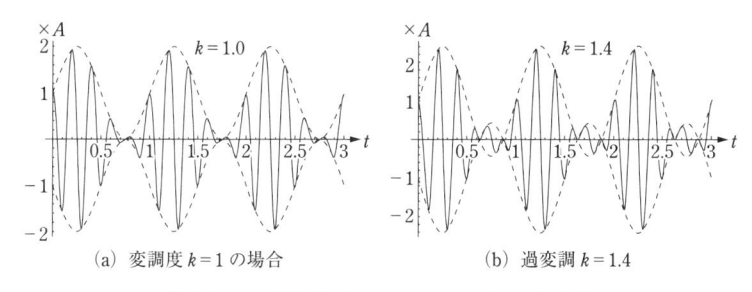

(a) 変調度 $k=1$ の場合 (b) 過変調 $k=1.4$

● 図 4・2　過変調（over-modulation）の説明 ●

次に通常の振幅変調波のスペクトルについて調べる．情報信号である**変調信号**（modulating signal）を正弦波

$$m(t)=\sin(2\pi f_m t) \tag{4・2}$$

とすると

$$\begin{aligned}v(t)&=A[1+km(t)]\cos(2\pi f_c t+\varphi) = A[1+k\sin(2\pi f_m t)]\cos(2\pi f_c t+\varphi)\\&=A\cos[2\pi f_c t+\varphi]+(Ak/2)\sin(2\pi(f_c+f_m)t+\varphi)\\&\quad -(Ak/2)\sin(2\pi(f_c-f_m)t+\varphi)\end{aligned}\tag{4・3}$$

と表せるから，これから AM 信号 $v(t)$ の電力スペクトル密度* は**図 4・3** のように描ける．

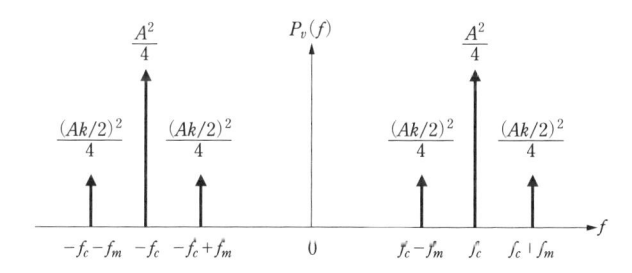

● 図 4・3　AM 信号の（両側）電力スペクトル密度（正弦波変調） ●

正弦波による変調であり，線スペクトルとなっている．周波数 $\pm f_c$ に搬送波成分の線スペクトルが，また $f_c \pm f_m$ と $-f_c \pm f_m$ に情報である正弦波信号の線スペクトルが**側帯波**（sideband wave）成分として出ている．ここで AM 信号の電力について考察すると，搬送波電力成分 P_c，側帯波電力成分 P_s および全電力 P はそれぞれ図 4・3 より

---

* 電力スペクトル密度については，6 章で述べる．

45

$$P_c = (A^2/4) \times 2 = A^2/2, \quad P_s = \{(Ak/2)^2/4\} \times 4 = A^2 k^2/4$$

$$P = P_c + P_s = A^2/2 + A^2 k^2/4 = A^2(1+k^2/2)/2 \tag{4・4}$$

と与えられる．ここで情報を担っているのは側帯波であり，変調の効率 η は

$$\eta = P_s/P = k^2/(2+k^2) \quad (0 \leq k \leq 1) \tag{4・5}$$

と定義されるが，変調度 k は $0 \leq k \leq 1$ であるから，効率 η は最大でも 1/3 までしか達しないことがわかる．このように，通常の振幅変調方式は搬送波成分に大部分の電力が費やされ，電力効率が高い変調方式とはいえない．しかし，**包絡線検波**という極めて簡単な復調方式が使用でき，歴史的に AM ラジオ放送はこの方式で始まった．現在に至るまで AM ラジオ放送にはこの変調方式が用いられている．

次に変調信号 $m(t)$ が電力スペクトル密度 $P_m(f)$ をもつ場合を考える．ウィナー・ヒンチンの定理 (p.76) より AM 信号 $v(t)$ の自己相関関数を計算し，それをフーリエ変換することにより電力スペクトル密度 $P_v(f)$ が得られる．

$$\begin{aligned}
R_v(\tau) &= E\{v(t_1)v(t_2)\} \\
&= E\{A^2[1+km(t_1)][1+km(t_2)]\cos(2\pi f_c t_1 + \varphi)\cos(2\pi f_c t_2 + \varphi)\} \\
&= (A^2/2) E\{[1+km(t_1)][1+km(t_2)]\} \\
&\quad \cdot E\{\cos(2\pi f_c(t_1+t_2)+2\varphi) + \cos(2\pi f_c(t_1-t_2))\} \\
&= (A^2/2) E\{[1+k^2 m(t_1) m(t_2)]\} \cos(2\pi f_c(t_1-t_2)) \\
&= (A^2/2) [1+k^2 R_m(\tau)] \cos 2\pi f_c \tau
\end{aligned}$$

ただし，
$$\begin{cases} R_m(\tau) = E\{m(t_1)m(t_2)\}, \quad \tau = |t_1-t_2| \\ E\{m(t_1)\} = E\{m(t_2)\} = 0, \quad p(\varphi) = 1/(2\pi) \end{cases} \tag{4・6}$$

したがって

$$\begin{aligned}
P_v(f) &= \int_{-\infty}^{+\infty} R_v(\tau) e^{-j2\pi f \tau} d\tau \\
&= \int_{-\infty}^{+\infty} (A^2/2)[1+k^2 R_m(\tau)] \cos(2\pi f_c t) e^{-j2\pi f_c \tau} d\tau \\
&= (A^2/2) \int_{-\infty}^{+\infty} [1+k^2 R_m(\tau)] \{(e^{+j2\pi f_c \tau} + e^{-j2\pi f_c \tau})/2\} e^{-j2\pi f \tau} d\tau \\
&= \frac{A^2}{4} \int_{-\infty}^{+\infty} e^{-j2\pi(f-f_c)\tau} d\tau + \frac{A^2}{4} \int_{-\infty}^{+\infty} e^{-j2\pi(f+f_c)\tau} d\tau
\end{aligned}$$

1 振幅変調方式のいろいろを学ぶ

$$+\frac{A^2k^2}{4}\int_{-\infty}^{+\infty}R_m(\tau)e^{-j2\pi(f-f_c)\tau}d\tau$$

$$+\frac{A^2k^2}{4}\int_{-\infty}^{+\infty}R_m(\tau)e^{-j2\pi(f+f_c)\tau}d\tau$$

$$=\frac{A^2}{4}\delta(f-f_c)+\frac{A^2}{4}\delta(f+f_c)+\frac{A^2k^2}{4}P_m(f-f_c)+\frac{A^2k^2}{4}P_m(f+f_c)$$

ただし，$P_m(f)=\int_{-\infty}^{\infty}R_m(\tau)e^{-j2\pi f\tau}d\tau$ \hfill (4・7)

を得る．電力スペクトル密度 $P_v(f)$ を図 **4・4** に示す．

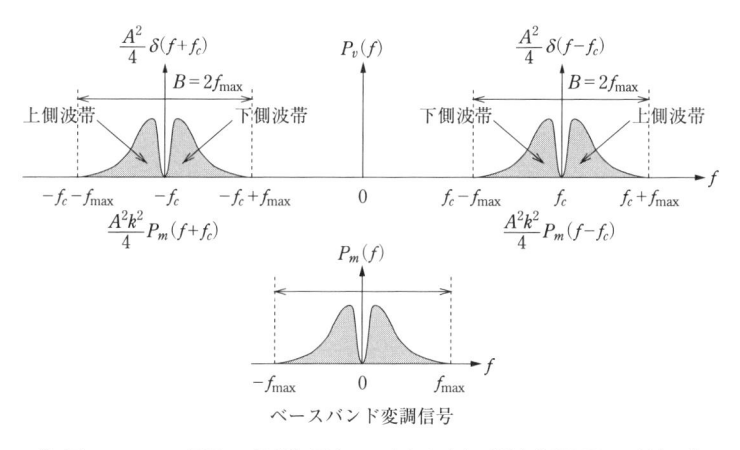

● 図 **4・4** AM 信号の（両側）電力スペクトル密度（任意変調記号 $m(t)$）●

図 4・4 からわかるように，電力スペクトル密度 $P_v(f)$ は情報信号のベースバンドスペクトル $P_m(f)$ を搬送波の周波数 f_c を中心とする位置にまで引き上げたものと，搬送波成分の線スペクトルの和からできている．特に周波数 $|f|\leq f_c$ の部分を**下側波帯**（lower sideband），$|f|>f_c$ の部分を**上側波帯**（upper sideband）という．情報を担っているのはこの側波帯の部分であり，搬送波成分は情報信号とは関係がない．また，搬送波成分の電力は，情報信号（変調信号）に関係なく $(A^2/4)\times2=A^2/2$ であり，伝送必要帯域幅は $B=2f_{\max}$ であることがわかる．すなわち，元の情報信号の帯域幅 $0\sim f_{\max}$ の 2 倍の帯域幅が必要である．したがって，帯域幅の観点からも効率は悪い．

47

〔2〕 搬送波抑圧両側波帯信号（DSB-SC）

図 4・5 に**搬送波抑圧両側波帯信号**（**DSB-SC**: double side band-suppressed carrier）の電力スペクトル密度を示す．

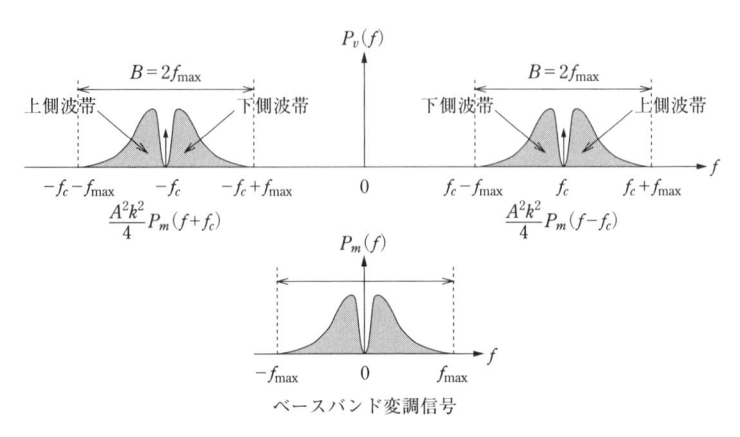

● 図 4・5　搬送波抑圧両側波帯信号（DSB-SC）の電力スペクトル密度 ●

図 4・4 の通常の AM 信号の電力スペクトル密度と異なるところは，周波数 $\pm f_c$ における搬送波成分の電力が大きく抑圧されており，電力効率が大きく改善されていることである．このとき，時間波形は過変調の状態になり，包絡線検波はできないが，受信側で搬送波成分を BPF で抽出し，**同期復調**（coherent demodulation）を行うことで，情報信号は歪みなく復調できる．

〔3〕 搬送波抑圧単側波帯信号（SSB-SC）

搬送波抑圧単側波帯（**SSB**-SC: single side band-suppressed carrier）方式は，通常の AM 方式において，搬送波成分を弱め（抑圧し），冗長な片側の側波帯を除去し，もう一方の側波帯のみで伝送する方式である．SSB 方式の電力スペクトル密度を**図 4・6** に示す．

図 4・6 では上側波帯により伝送する場合を示している．図 4・6 からわかるように，SSB 方式の伝送必要帯域幅は，情報信号の帯域幅と同じ $B = f_{\max}$〔Hz〕でよく，通常の AM 方式が $2B$〔Hz〕必要なのに比べ半分で済む．搬送波成分を除くと SSB 信号の時間波形 $v(t)$ は式 (4・8) で表せる．

$$v(t) = Am(t)\cos(2\pi f_c t + \varphi) \pm A\hat{m}(t)\sin(2\pi f_c t + \varphi) \qquad (4・8)$$

ただし，式 (4・8) の $\pm$ において $+$ のときは下側波帯のスペクトルとなり，$-$ のと

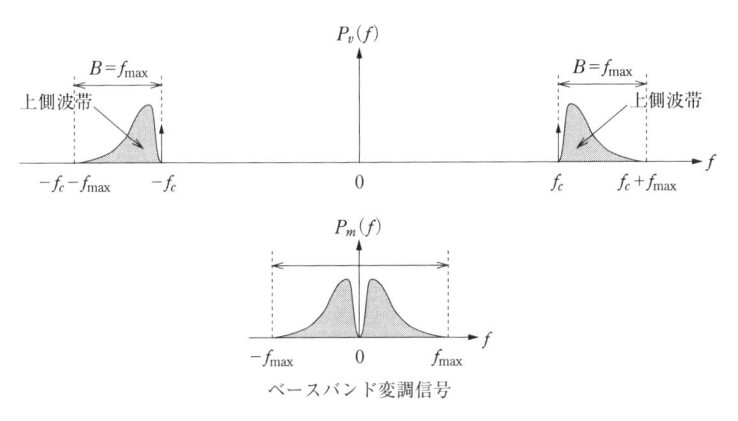

1 振幅変調方式のいろいろを学ぶ

● 図 4・6　搬送波抑圧単側波帯信号（SSB-SC）の電力スペクトル密度 ●

きは上側波帯のスペクトルになる．また $\hat{m}(t)$ は $m(t)$ の**ヒルベルト変換**（Hilbert transform）と呼ばれ，式 (4·9) の積分変換により定義される．

$$\hat{m}(t) = \frac{1}{\pi} \int_{-\infty}^{+\infty} \frac{m(\lambda)}{t-\lambda} d\lambda \tag{4·9}$$

このヒルベルト変換は，単位インパルス応答が

$$h(t) = 1/(\pi t) \tag{4·10}$$

で与えられる線形フィルタの入力信号 $m(t)$ に対する応答としても定義できる．すなわち，畳込み積分の演算を $\otimes$ として

$$\hat{m}(t) = h(t) \otimes m(t) = \frac{1}{\pi t} \otimes m(t) = \frac{1}{\pi} \int_{-\infty}^{+\infty} \frac{m(\lambda)}{t-\lambda} d\lambda \tag{4·11}$$

と表せる．ここでインパルス応答 $h(t)$ のフーリエ変換 $H(f)$ は

$$h(t) = \frac{1}{\pi t} \Leftrightarrow H(f) = \begin{cases} -j & (f > 0) \\ +j & (f < 0) \end{cases} \tag{4·12}$$

で与えられるため，ヒルベルト変換をすることは，周波数領域で $f > 0$ のあらゆる周波数で $-\pi/2$ の位相シフトをすることに相当する（$f < 0$ では $\pi/2$ の位相シフト）．物理的には $f > 0$ の周波数で考えるので，全周波数で $-\pi/2$ の位相シフトを行えばヒルベルト変換をしたことになる．また $\hat{m}(t)$ のフーリエ変換を $\hat{M}(f)$，$m(t)$ のフーリエ変換を $M(f)$ として

$$\hat{M}(f) = \begin{cases} -jM(f) & (f>0) \\ +jM(f) & (f<0) \end{cases} \quad (4\cdot 13)$$

と表せる．インパルス応答 $h(t)$ の線形回路は**ヒルベルト変換器**（Hilbert transformer）と呼ばれる．ここでディジタル信号処理である高速フーリエ変換（FFT: fast fourier transform）を用いて $M(f)$ を計算すれば，式 (4·13) の演算は基本的に $M(f)$ の実部と虚部を交換することで行え，こうして得られた $\hat{M}(f)$ を逆FFT（Inverse FFT）すれば $\hat{m}(t)$ が得られる．

SSB 信号の発生は，AM 信号の片方の側波帯をフィルタリングして取り出すか，変調信号 $m(t)$ を直接ヒルベルト変換して $\hat{m}(t)$ を得てから式 (4·8) を用いることで行える．

SSB 信号の復調は，式 (4·14) で示す同期検波によって行える．

$$\begin{aligned}
v(t) &\times 2\cos(2\pi f_c t + \varphi) \\
&= [Am(t)\cos(2\pi f_c t + \varphi) \pm A\hat{m}(t)\sin(2\pi f_c t + \varphi)] \times 2\cos(2\pi f_c t + \varphi) \\
&= 2Am(t)\cos^2(2\pi f_c t + \varphi) \pm 2A\hat{m}(t)\sin(2\pi f_c t + \varphi)\cos(2\pi f_c t + \varphi) \\
&= Am(t) + Am(t)\cos(4\pi f_c t + 2\varphi) \pm A\hat{m}(t)\sin(4\pi f_c t + 2\varphi) \quad (4\cdot 14)
\end{aligned}$$

式 (4·14) の右辺第 3 行の三つの項を LPF に通せば $2f_c$ の周波数成分をもつ二つの項が除去され，変調信号 $m(t)$ が得られる．SSB 方式の帯域幅は変調により増大することなく，情報信号のそれと同じである．この狭帯域な特性により**周波数分割多重化**（frequency division multiplex, FDM）の変調方式としてよく用いられてきた．

〔4〕 **残留側波帯信号（VSB）**

残留側波帯（vestigial side band, VSB）**方式**は AM 変調方式の一種である．この方式は従来の地上アナログ TV の映像信号の変調方式として使用されてきた．この方式の電力スペクトル密度を図 **4·7** に示す．

VSB 方式では，上側波帯全部と下側波帯の一部（逆に下側波帯全部と上側波帯の一部でもよい）を送信する．したがって，占有スペクトル中で DSB（double side band）の部分と SSB（single side band）の部分が混在した形となっている．これは DSB 方式と SSB 方式の中間的な方式と考えられる．このような方式が必要だったのは，DSB 信号から SSB 信号をつくる際に帯域通過フィルタによって片方の側波帯のみを切り出すが，このときベースバンド信号のスペクトルが直流

2 振幅変調信号の発生と再生はどうするか

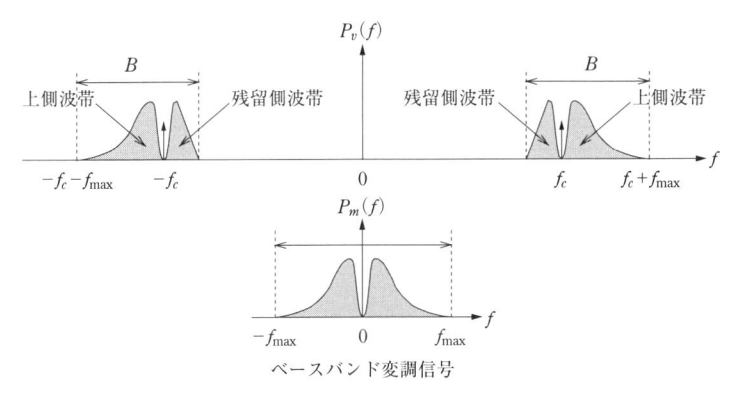

図 4・7 残留側波帯信号（VSB）の電力スペクトル密度

付近まで及んでいる場合は，帯域通過フィルタの遮断特性が極めて急峻（理想 LPF のような矩形の遮断特性）でなければならず，実際にはこのような切り出しが難しい．そこで下側波帯にまで入り込んで緩やかにフィルタリングすることにより，上側波帯のスペクトルは損なうことなく伝送できる．VSB 信号の復調は，VSB 信号を VSB フィルタという特殊なフィルタに通した後，さらに同期検波することで行える．

2 振幅変調信号の発生と再生はどうするか

〔1〕 振幅変調信号の発生と変調回路の例

● AM 信号の発生

通常の AM 信号の発生は，図 4・8 のように行えばよい．すなわち増幅器，加算器および乗算器があればよい．これらのうちで乗算器（ミキサ，mixer とも呼ばれる）は，ベースバンドの情報信号成分 $km(t)$（平均値 $\overline{m(t)} = 0$）と搬送波 $A\cos(2\pi f_c t + \varphi)$ の乗算を行う．通常は搬送波周波数 f_c は情報信号 $m(t)$ の最高周波数 $f_{\max}$（帯域）に比べて十分大きいため，このような乗算は搬送波の ±

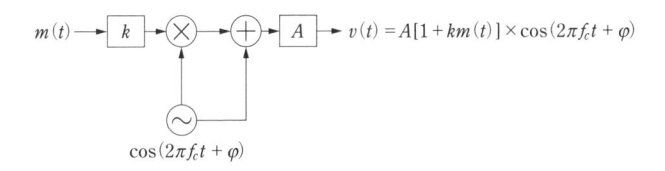

図 4・8 AM 変調信号の発生回路

（正負）によって，リング状に接続されたダイオード回路のスイッチングにより行うことができる．このようなスイッチング動作を行う乗算器として，**平衡変調器**（balanced modulator）の一種である**リング変調器**（ring modulator）がある．リング変調器の機能，構成および波形をそれぞれ**図 4·9**(a)，(b) および (c) に示す．

(a) リング変調器の機能

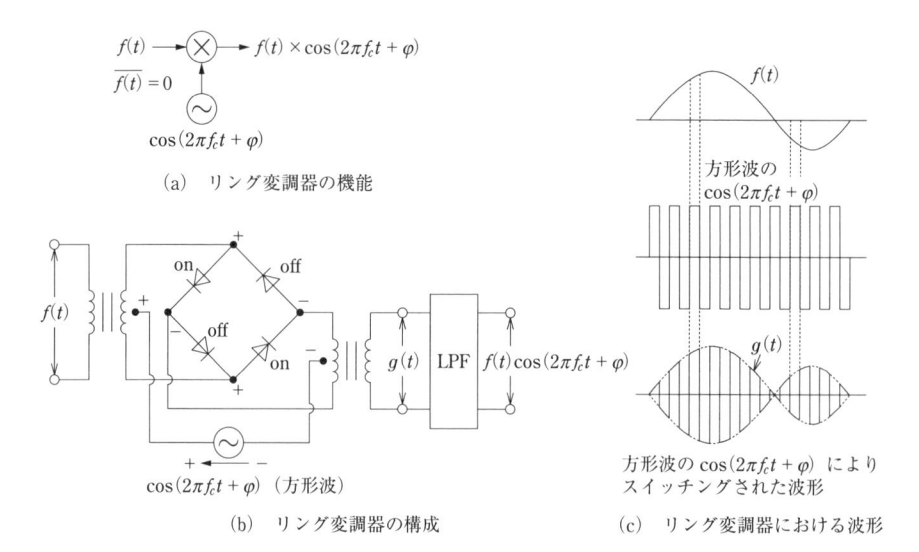

(b) リング変調器の構成

(c) リング変調器における波形

● 図 4·9　リング変調器の機能，構成および波形 ●

〔2〕 **振幅変調信号の復調と復調回路の例**

● **AM 信号の復調法**

通常の振幅変調信号の復調（検波）法について述べる．復調法としては，**包絡線復調**（envelope demodulation），**同期復調**（coherent demodulation）および **2 乗復調**（square–law demodulation）などがある．まず**包絡線復調器**を**図 4·10**に示す．この復調器はダイオードの整流作用と RC 回路の放電時定数の大きさを

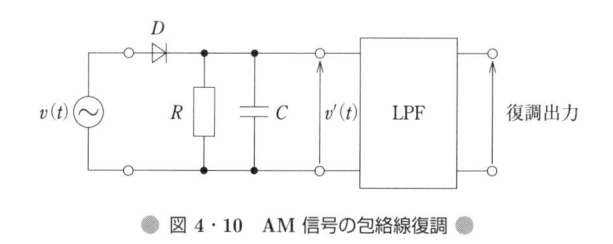

● 図 4·10　AM 信号の包絡線復調 ●

2 振幅変調信号の発生と再生はどうするか

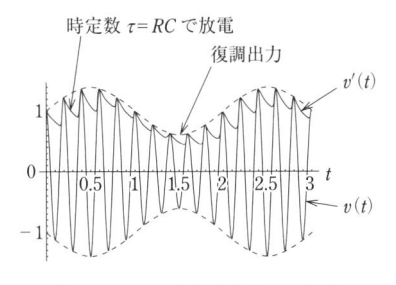

図 4・11 包絡線復調の原理

利用して，包絡線の抽出を行うものである．図 4・11 に示すように搬送波の正の半サイクルではダイオード D がオンとなり C への充電が行われるが，負の半サイクルでは D はオフとなり R を通して時定数 $\tau = RC$ の放電が行われる．RC 回路の出力 $v'(t)$ には，時定数 $\tau = RC$ の影響が残り"ギザギザ"が現れるが，これは図 4・10 中の LPF によって取り除き，出力として包絡線が得られる．なお，図 4・10 で D, R, C からなる回路部分は，時定数 τ が十分小さければ半波整流回路，十分大きければ入力波形に対するピークホールド回路として動作する．

次に**同期復調器**のブロック図を図 4・12 に示す．

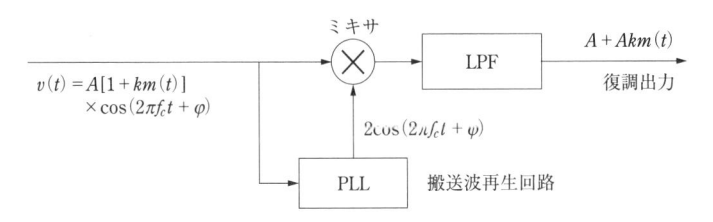

図 4・12 AM 信号の同期復調器のブロック図

同期復調においては，受信信号から**搬送波再生回路**（carrier recovery circuit）により周波数および位相が完全に同一の（周波数同期および位相同期した）搬送波成分 $\cos(2\pi f_c t + \varphi)$ を抽出し，乗算器（リング変調器など）によって入力信号 $v(t)$ との乗算が行われる．この結果ミキサの出力は

$$\begin{aligned}
v(t) \cdot 2\cos(2\pi f_c t + \varphi) &= A[1+km(t)]2\cos^2(2\pi f_c t + \varphi) \\
&= A[1+km(t)] \cdot [1+\cos(4\pi f_c t + 2\varphi)] \\
&= A[1+km(t)] + A[1+km(t)]\cos(4\pi f_c t + 2\varphi)
\end{aligned}$$

(4・15)

となる．ここで式 (4·15) の右辺 3 行目第 1 項は直流 + 変調信号成分，第 2 項は周波数 $2f_c$ を中心に広がる成分であり，LPF により周波数 $2f_c$ 近傍の成分を除去すると第 1 項の $A[1+km(t)]$ なる変調信号成分が得られる．さらに直流分を除去して増幅すれば変調信号 $m(t)$ が得られる．このような同期検波のためには搬送波再生回路が不可欠であり，**PLL**（phase locked loop，位相同期ループ）などがこの目的で用いられる．

次に **2 乗復調器** について述べる．2 乗復調器はダイオードなどの非線形性である 2 乗特性 $y=x^2$ を利用して復調信号を得るものであり，ブロック図を図 4·13 に示す．まず入力 $v(t)$ に直流のバイアス電圧 B を加え

$$x = B + v(t) = B + A[1+km(t)]\cos(2\pi f_c t + \varphi) \qquad (4\cdot16)$$

とすると

$$\begin{aligned}
y = x^2 &= \{B + A[1+km(t)]\cos(2\pi f_c t + \varphi)\}^2 \\
&= B^2 + A^2[1+km(t)]^2\cos^2(2\pi f_c t + \varphi) + 2AB[1+km(t)]\cos(2\pi f_c t + \varphi) \\
&= B^2 + A^2[1+km(t)]^2\{1+\cos(4\pi f_c t + 2\varphi)\}/2 \\
&\quad + 2AB[1+km(t)]\cos(2\pi f_c t + \varphi) \qquad (4\cdot17)
\end{aligned}$$

となるが，LPF によって周波数 f_c および $2f_c$ 近傍の成分を除去すると

$$B^2 + A^2[1+km(t)]^2/2 \qquad (4\cdot18)$$

が得られる．さらに直流分を除去すれば

$$A^2 km(t) + A^2 k^2 m^2(t)/2 = A^2 k[m(t) + km^2(t)/2] \qquad (4\cdot19)$$

なる復調出力を得る．ここで $|m(t)| \gg k|m(t)|^2/2$，すなわち $1 \gg k|m(t)|/2$ であれば変調信号 $m(t)$ が近似的に得られる．またこの条件が満足されないときは，式 (4·19) 第 2 項のために復調波形に歪みを生じる．したがって，近似的な復調法ではあるが，復調器の構成が極めて簡易であり，高周波の **ダイオード検波器** などとして用いられている．

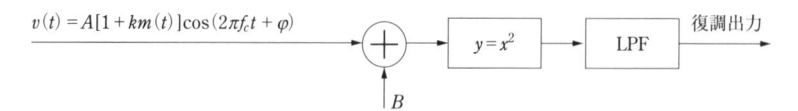

● 図 4·13　AM 信号の 2 乗復調回路 ●

3 振幅変調方式の品質はどのように測るか

通常の AM 変調波の同期検波回路を再び図 4・14 に示す.

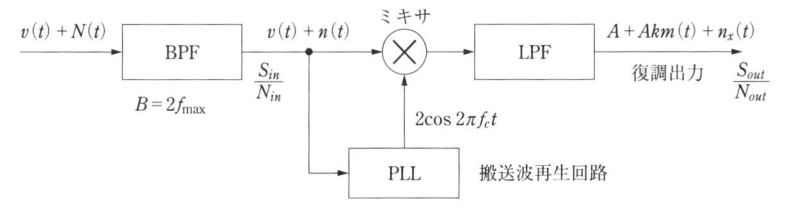

●図 4・14 通常の AM 変調波の同期検波による復調●

図 4・14 において，$v(t)$ は AM 信号を，$N(t)$ は白色ガウス雑音を表す．通過帯域幅 $B = 2f_{\max}$ の BPF を通過後の AM 信号と雑音成分は

$$v(t)+n(t)=A[1+km(t)]\cdot\cos(2\pi f_c t)+n_x(t)\cos(2\pi f_c t)-n_y(t)\sin(2\pi f_c t) \tag{4・20}$$

と表せる．ただし簡単にするため式 (4・1) における位相を $\varphi = 0$ とおいているが，得られる結果は同じである．ここで BPF 出力での信号電力 S_{in} と雑音電力 N_{in} は

$$\begin{aligned}
S_{in} &= E\{[Akm(t)\cos(2\pi f_c t)]^2\} \\
&= A^2 k^2 E\{m^2(t)\cos^2(2\pi f_c t)\} = A^2 k^2 E\{m^2(t)\}E\{\cos^2(2\pi f_c t)\} \\
&= A^2 k^2 E\{m^2(t)\}E\{[1+\cos(4\pi f_c t)]/2\} = A^2 k^2/2 \quad (\because E\{m^2(t)\}=1)
\end{aligned} \tag{4・21}$$

$$\begin{aligned}
N_{in} &= E\{n^2(t)\} = E\{[n_x(t)\cos(2\pi f_c t) - n_y(t)\sin(2\pi f_c t)]^2\} \\
&= E\{n_x^2(t)\cos^2(2\pi f_c t) + n_y^2(t)\sin^2(2\pi f_c t) \\
&\qquad\qquad -2n_x(t)n_y(t)\sin(2\pi f_c t)\cos(2\pi f_c t)\} \\
&= E\{n_x^2(t)\}\{\cos^2(2\pi f_c t)+\sin^2(2\pi f_c t)\} - E\{n_x(t)\}E\{n_y(t)\}\sin(4\pi f_c t) \\
&= E\{n_x^2(t)\} \quad (\because E\{n_x^2(t)\}=E\{n_y^2(t)\}, \; E\{n_x(t)\}=E\{n_y(t)\}=0)
\end{aligned} \tag{4・22}$$

と計算される．ただし $E\{\ \}$ は期待値を表す．したがって，BPF 出力での S_{in}/N_{in} （**入力 SN 比**）は

$$S_{in}/N_{in} = (A^2 k^2/2)/E\{n_x^2(t)\} \tag{4・23}$$

となる．一方，同期検波におけるミキサの出力は

$$\{v(t)+n(t)\} \times 2\cos(2\pi f_c t) = A[1+km(t)]+A[1+km(t)]\cos(4\pi f_c t)$$
$$+n_x(t)\{1-\cos(4\pi f_c t)\}-n_y(t)\sin(4\pi f_c t) \tag{4・24}$$

となるので，LPF の出力は

$$A+Akm(t)+n_x(t) \tag{4・25}$$

となる．したがって，LPF の出力における信号電力 S_{out} と雑音電力 N_{out} は

$$S_{out} = E\{[Akm(t)]^2\}$$
$$= A^2 k^2 E\{m^2(t)\} = A^2 k^2 \quad (\because E\{m^2(t)\}=1) \tag{4・26}$$

$$N_{out} = E\{n_x^2(t)\} \tag{4・27}$$

と計算されるので，**出力 SN 比**である S_{out}/N_{out} は

$$S_{out}/N_{out} = (A^2 k^2)/E\{n_x^2(t)\} \tag{4・28}$$

となる．式 (4・23) と式 (4・28) より

$$\frac{S_{out}/N_{out}}{S_{in}/N_{in}} = \frac{A^2 k^2 / E\{n_x^2(t)\}}{(A^2 k^2/2)/E\{n_x^2(t)\}} = 2 \tag{4・29}$$

を得る．したがって，通常の AM 変調波の同期検波では，入力 SN 比に比べ出力 SN 比は 2 倍（3 dB）改善される．これは同期検波回路出力の式 (4・25) においては，入力雑音の直交成分 $n_y(t)$ が除去され，雑音電力の半分が除去されるためである．

鉱石ラジオ

　鉱石ラジオは，通常の AM 波の検波回路を，アンテナ，同調回路，包絡線検波回路およびクリスタルイヤフォンで構成するもので，電波のエネルギーのみで動作し，電池などの電源を必要としない．極めて回路構成が簡単であり，AM ラジオ放送の初期に用いられた．回路構成を図 **4・15** に示す．アンテナ回路としてはループアンテナ等が使用でき，同調回路の可変コンデンサ（バリコン）の容量を変化させて共振周波数を AM 放送の搬送波周波数に合わせる．同調回路出力の電圧は，ゲルマニウムダイオード，R および C からなる包絡線検波回路に入力される．クリスタルイヤフォンは容量性の回路であり，検波された包絡線電圧を音に変換する．鉱石ラジオの作成は，無線通信の初歩の体験として昔からよく行われてきており，現在でもキットなどとして販売されている．

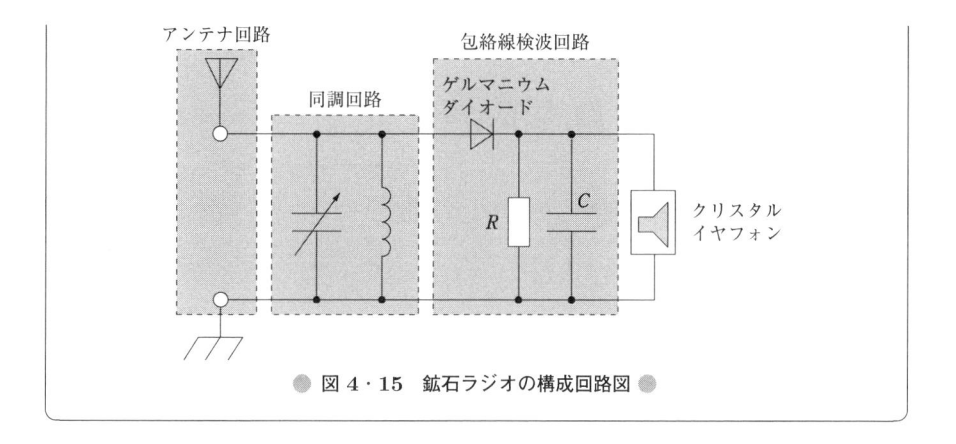

演習問題

図 4・15 鉱石ラジオの構成回路図

まとめ

　本章では，アナログ振幅変調信号について学んだ．アナログ振幅変調方式には，ラジオ放送で用いられる通常の AM 方式以外にもいろいろなものがあり，それぞれ特徴をもっていてさまざまな用途に用いられることを学んだ．また，振幅変調信号の発生と再生につき各種の方式を学んだ．さらに振幅変調方式の品質は信号対雑音電力比で測ることも学んだ．アナログ振幅変調方式は最も基本的な変調方式であり，その考え方はディジタル変調方式にも適用できるので，いろいろなところで活用しよう．

演習問題

問1 周波数 f_m の正弦波で変調された通常の振幅変調波 $v(t) = A\left[1 + k\sin\left(2\pi f_m t\right)\right] \cdot \cos\left(2\pi f_c t\right)$ に関し，答えよ．
　(1) 変調度 k の値の範囲を示せ．
　(2) 側帯波 (sideband wave) 電力 P_s と搬送波 (carrier) 電力 P_c の比 P_s/P_c を求めよ．
　(3) この AM 波の電力 P_{AM} を求めよ．

問2 AM 信号 $s(t) = A\{1 + \sin\left(2\pi f_m t\right)\} \cdot \cos\left(2\pi f_c t\right)$ に両側電力スペクトル密度 $N_0/2$ 〔W/Hz〕の白色ガウス雑音が加わっている．$s(t)$ を中心周波数 f_c，帯域幅 $B\,(>2f_m)$ 〔Hz〕の通過帯域幅をもつ方形 BPF フィルタでろ波（フィルタリング）した．このとき BPF 出力における信号対雑音電力比 (S/N) を求めよ．

問3 SSB 信号を発生させるための二つの方法について簡略に述べよ．

5章
アナログ角度変調信号

　アナログ角度変調信号は，FMラジオ信号として用いられてきたなじみ深いものである．アナログ角度変調方式では，搬送波の角度である位相をアナログ的に変化させ情報を伝送する．アナログ周波数変調とアナログ位相変調をあわせてこのように呼ぶ．ここでは，まず周波数と位相の関係につき学ぼう．次に角度変調信号のスペクトルが情報信号よりも広がることについて学ぼう．さらに角度変調信号の発生と再生はどのようにするのか，品質はどのように測るかについて学ぼう．

1 角度変調信号とは

角度変調信号は一般に

$$v(t) = A\cos(2\pi f_c t + \theta(t)) \tag{5・1}$$

と書くことができる．ここで，A は搬送波の振幅，f_c は搬送波の中心周波数である．角度変調では搬送波の角度である位相 $\theta(t)$ に情報をのせる．位相 $\theta(t)$ を変化させるのに通常アナログ変調では周波数を変化させる．これは位相 $\theta(t)$ と周波数 $f(t)$ の関係は

$$\theta(t) = 2\pi \int_0^t f(t') dt' \tag{5・2}$$

で与えられ，周波数 $f(t)$ が変化すれば位相 $\theta(t)$ も変化するからである．変調信

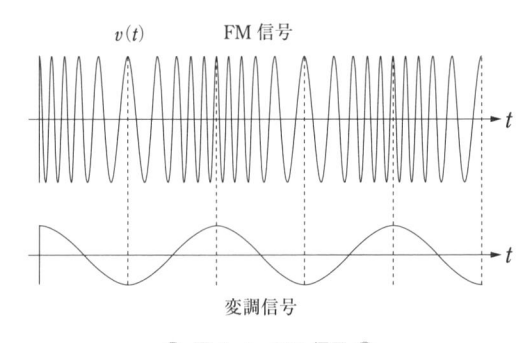

● 図 5・1　FM 信号 ●

号が正弦波 $f(t) = \cos(2\pi f_m t)$ である場合の角度変調信号（**FM 信号**）を図 5・1 に示す．

2　位相変調と周波数変調とはどのような関係か

アナログ通信方式としての**位相変調方式**（**PM**: phase modulation）は，被変調信号

$$v(t) = A\cos(2\pi f_c t + \theta(t)) \qquad (5・3)$$

の位相 $\theta(t)$ の変化に直接情報信号 $m(t)$ をのせるものである．すなわち

$$\theta(t) = k_p m(t) \qquad (5・4)$$

ただし，k_p は比例定数である．ここで周波数 $f(t)$ と位相 $\theta(t)$ の関係は

$$f(t) = \{1/(2\pi)\} d\theta(t)/dt \qquad (5・5)$$

で表されるから，位相 $\theta(t)$ を変化させると周波数 $f(t)$ も変化し，位相変調方式は周波数変調方式の一種とみなせる．位相と周波数の関係を**図 5・2** に示す．すなわち，位相と周波数は単なる微分および積分という線形操作（線形フィルタリング操作）で結ばれているだけであり，位相変調は本質的に周波数変調と変わらない．

そこで，式 (5・3) の角度 $\theta(t)$ を変化させる意味から，周波数変調と位相変調をあわせて**角度変調**（Angle modulation）と呼ぶ．位相変調信号の発生は，搬送波の位相を直接変化させるか，あるいは情報信号を一度時間微分してから FM 変調をかけることによって行える．しかし，アナログ情報信号 $m(t)$ による位相変調方式は，現実にはほとんど用いられず，もっぱら**ディジタル位相変調方式**（**PSK**: phase shift keying）として使用されている．

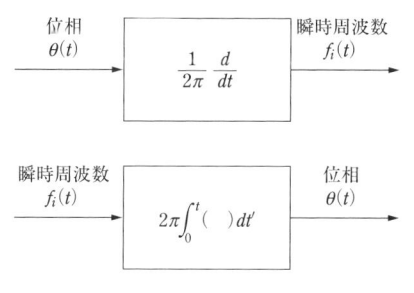

● 図 5・2　位相と周波数の関係 ●

3 周波数変調信号のスペクトル

周波数変調方式において変調信号 $m(t)$ が正弦波

$$m(t)=\cos(2\pi f_m t) \tag{5・6}$$

である場合について考える. このとき位相信号 $\theta(t)$ は

$$\theta(t)=2\pi k_f \int_0^t m(t')dt' = 2\pi k_f \int_0^t \cos(2\pi f_m t')dt' = \frac{k_f}{f_m}\sin(2\pi f_m t) \tag{5・7}$$

と書ける. ただし, k_f は変調指数を決める定数である. このとき

$$\beta = k_f/k_m = |\theta(t)|_{\max} \tag{5・8}$$

と置くと, FM信号波は

$$v(t)=A\cos(2\pi f_c t + \beta\sin(2\pi f_m t) + \varphi) \tag{5・9}$$

と表せる. ただし, φ はランダムな位相定数である. 式 (5・8) および式 (5・9) の β は**変調指数**と呼ばれ, 変調の深さを示す定数である. また式 (5・7) の位相 $\theta(t)$ を時間微分して 2π で割れば, 搬送波周波数 f_c からの**瞬時周波数偏移** $\Delta f_i(t)$ が得られ

$$\Delta f_i(t) = \frac{1}{2\pi}\frac{d}{dt}\theta(t) = \frac{d}{dt}\left\{k_f\int_0^t \cos(2\pi f_m t')dt'\right\} = \frac{k_f}{2\pi}\cos(2\pi f_m t) \tag{5・10}$$

となる. $|\cos(2\pi f_m t)| \leq 1$ であるので, $|\Delta f_i(t)| \leq k_f$ となり

$$\Delta f_{\max} = k_f \tag{5・11}$$

とおけば

$$\Delta f_i(t) = \Delta f_{\max}\cos(2\pi f_m t) \tag{5・12}$$

と書ける. $\Delta f_{\max}$ を**最大周波数偏移**と呼ぶ. 式 (5・8) と式 (5・11) より変調指数 β は

$$\beta = \Delta f_{\max}/f_m \tag{5・13}$$

と表せる.

次に変調信号 $m(t)$ が任意の信号である場合を考える. このとき周波数変調方式の信号波形は

$$v(t)=A\cos(2\pi f_c t + \theta(t) + \varphi), \quad \theta(t)=2\pi k_f \int_0^t m(t')dt' \tag{5・14}$$

と書ける. ここで, φ は $0\sim 2\pi$ で一様分布するランダム位相定数, 変調信号 $m(t)$

3 周波数変調信号のスペクトル

の平均値は $\overline{m(t)} = 0$ とする．このとき，FM 信号の瞬時周波数（instantaneous frequency）$f_i(t)$ は式 (5·15) で定義される．

$$f_i(t) = \frac{1}{2\pi}\frac{d}{dt}[2\pi f_c t + \theta(t) + \varphi] = f_c + \frac{1}{2\pi}\frac{d}{dt}\theta(t) = f_c + k_f m(t) \quad (5\cdot15)$$

周波数変調方式では，変調信号 $m(t)$ によって送信信号 $v(t)$ の時刻 t における瞬時周波数 $f_i(t)$ が変化し，送信信号 $v(t)$ の周波数変化で情報を伝送する．式 (5·15) において最大周波数偏移（maximum frequency deviation）$\Delta f_{\max}$ は式 (5·16) で定義される．

$$\Delta f_{\max} = k_f |m(t)|_{\max} \quad (5\cdot16)$$

式 (5·14) より $v(t)$ の振幅（包絡線）は一定で A である．FM 信号波形 $v(t)$ は，正弦波で変調された場合について図 5·1 に示した．また，式 (5·14) で

$$\theta(t) = \beta\theta_n(t), \qquad \beta = |\theta(t)|_{\max}, \qquad \theta_n(t) = \theta(t)/|\theta(t)|_{\max} \quad (5\cdot17)$$

とおくと

$$v(t) = A\cos(2\pi f_c t + \beta\theta_n(t) + \varphi) \quad (5\cdot18)$$

と書ける．ここで β は変調指数（modulation index）である．

次に周波数変調信号のスペクトルについて考える．正弦波変調の FM 信号の式 (5·9) は

$$\begin{aligned}v(t) &= A\cos(2\pi f_c t + \beta\sin(2\pi f_m t) + \varphi) \\ &= A\cos(2\pi f_c t + \varphi)\cos(\beta\sin(2\pi f_m t)) \\ &\quad - A\sin(2\pi f_c t + \varphi)\sin(\beta\sin(2\pi f_m t))\end{aligned} \quad (5\cdot19)$$

と展開できるが，ここで

$$\begin{cases}\cos(\beta\sin x) = J_0(\beta) + 2\displaystyle\sum_{n=1}^{\infty} J_{2n}(\beta)\cos(2nx) \\ \sin(\beta\sin x) = 2\displaystyle\sum_{n=0}^{\infty} J_{2n+1}(\beta)\sin((2n+1)x)\end{cases} \quad (5\cdot20)$$

なる公式を利用すると，式 (5·19) は

$$\begin{aligned}v(t) = &A\left\{J_0(\beta) + 2\sum_{n=1}^{\infty} J_{2n}(\beta)\cos(2n\cdot 2\pi f_m t)\right\}\cos(2\pi f_c t + \varphi) \\ &- A\left\{2\sum_{n=0}^{\infty} J_{2n+1}(\beta)\sin((2n+1)2\pi f_m t)\right\}\sin(2\pi f_c t + \varphi)\end{aligned} \quad (5\cdot21)$$

と展開できる．ただし

$$J_n(\beta)=\frac{1}{2\pi}\int_{-\pi}^{\pi}e^{j(\beta\sin x-nx)}dx=\sum_{m=0}^{\infty}\frac{(-1)^m(\beta/2)^{2m+n}}{m!(m+n)!} \quad (5・22)$$

は第一種 n 次の**ベッセル**（Bessel）**関数**である．式 (5・21) の展開・整理をさらに進めると，FM 信号の $v(t)$ は最終的に

$$v(t)=A\sum_{\ell=-\infty}^{\infty}J_\ell(\beta)\cos[(2\pi f_c+2\pi\ell f_m)t+\varphi] \quad (5・23)$$

と変形できる．ただし，式 (5・23) への変形にあたり

$$\begin{cases} J_{2n}(\beta)=J_{-2n}(\beta) & (n=0,1,2,\cdots) \\ J_{2n-1}(\beta)=-J_{-(2n-1)}(\beta) & (n=0,1,2,\cdots) \end{cases} \quad (5・24)$$

なる関係を用いた．式 (5・23) は，周波数 $f_c+\ell f_m$（$\ell=\cdots,-1,0,+1,\cdots$）の周波数成分の振幅が $AJ_\ell(\beta)$ であることを示している．さらに式 (5・23) にオイラーの公式

$$\cos x=(e^{+jx}+e^{-jx})/2 \quad (5・25)$$

を用いると，簡単な計算により正弦波変調 FM 信号 $v(t)$ の振幅スペクトル密度は

$$|V(f)|=\frac{A}{2}\sum_{\ell=-\infty}^{\infty}|J_\ell(\beta)|\delta[f-(f_c+\ell f_m)]+\frac{A}{2}\sum_{\ell=-\infty}^{\infty}|J_\ell(\beta)|\delta[f+(f_c+\ell f_m)]$$

$$(5・26)$$

と求まる．またこれに対応する電力スペクトル密度 $P_v(f)$ は

$$P_v(f)=\frac{A^2}{4}\sum_{\ell=-\infty}^{\infty}J_\ell^2(\beta)\delta[f-(f_c+\ell f_m)]+\frac{A^2}{4}\sum_{\ell=-\infty}^{\infty}J_\ell^2(\beta)\delta[f+(f_c+\ell f_m)]$$

$$(5・27)$$

で与えられる．振幅スペクトル密度 $|V(f)|$ の $f>0$ の部分のみを**図 5・3** に示す．

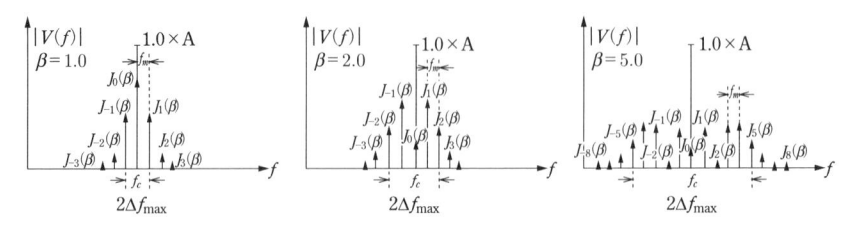

● 図 5・3　正弦波変調 FM 信号の振幅スペクトル密度（片側スペクトル表示）●

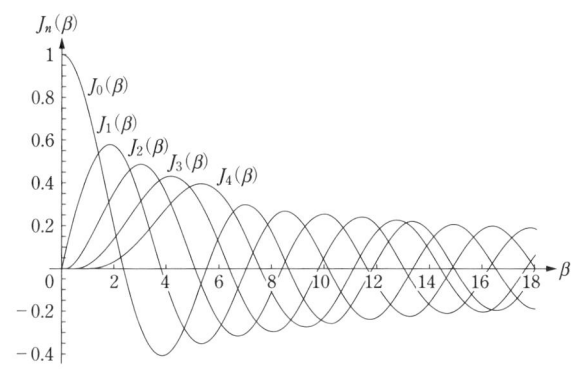

● 図 5・4 ベッセル関数 $J_n(\beta)$ のグラフ ●

図 5・3 からわかるように FM 信号のスペクトルは, 変調指数 β の増加と共に広がる. FM 方式が**広帯域通信方式**と呼ばれるゆえんである. ベッセル関数 $J_n(\beta)$ のグラフを**図 5・4** に示す. また変調指数 β が非常に小さい場合 ($\beta \ll 1$) は, 式 (5・19) より

$$v(t) = A\cos(2\pi f_c t + \beta \sin 2\pi f_m t + \varphi)$$
$$= A\cos(2\pi f_c t + \varphi)\cos(\beta \sin 2\pi f_m t) - A\sin(2\pi f_c t + \varphi)\sin(\beta \sin 2\pi f_m t)$$
$$\approx A\cos(2\pi f_c t + \varphi) - A\beta \sin(2\pi f_m t)\sin(2\pi f_c t + \varphi)$$
$$= A\cos(2\pi f_c t + \varphi) + (A\beta/2)\{\cos(2\pi(f_c + f_m)t + \varphi)$$
$$- \cos(2\pi(f_c - f_m)t + \varphi)\} \qquad (5・28)$$

と近似できる. ただし

$$\cos(\beta \sin 2\pi f_m t) \approx 1, \qquad \sin(\beta \sin 2\pi f_m t) \approx \beta \sin 2\pi f_m t \qquad (\beta \ll 1)$$
$$(5・29)$$

なる近似を用いた. 式 (5・28) の振幅スペクトルは AM 変調に対する式 (4・3) の振幅スペクトルに近い.

次に正弦波で変調された FM 信号の占有帯域幅 B について考える. 式 (5・27) の電力スペクトル密度 $P_v(f)$ と図 5・3 より

$$B \approx 2\beta f_m = 2\Delta f_{\max} \qquad (5・30)$$

と与えられる. この理由は変調指数 β が大きいとき ($\beta > 1$) は, 係数 $J_\ell(\beta)$ の値は $\ell = \beta$ 程度まで取れば十分だからである. すなわち $J_\ell(\beta)|_{\ell > \beta} \approx 0$ である.

また $\beta \ll 1$ のときは, 式 (5・28) から

$$B = 2f_m \tag{5・31}$$

であるから，変調指数 β の大小にかかわらず成立する式として

$$B = 2\beta f_m + 2f_m = 2(\beta+1)f_m \tag{5・32}$$

を得る．これを**カーソン則**（Carson's rule）という．正弦波変調信号でなく一般の任意の変調信号に対し，この帯域幅 B を公式として表すのは難しい．通常は FM 波の電力の 90 %，99 % あるいは 99.9 % の電力を通す帯域幅 B として定義される．

次に FM 信号の電力は，式 (5・27) の電力スペクトル密度 $P_v(f)$ を積分して

$$\begin{aligned}
P &= \int_{-\infty}^{+\infty} P_v(f)df \\
&= (A^2/4)\int_{-\infty}^{+\infty}\left\{\sum_{\ell=-\infty}^{\infty}J_\ell^2(\beta)\delta[f-(f_c+\ell f_m)] + \sum_{\ell=-\infty}^{\infty}J_\ell^2(\beta)\delta[f+(f_c+\ell f_m)]\right\} \\
&= (A^2/2)\sum_{\ell=-\infty}^{+\infty}J_\ell^2(\beta) = A^2/2
\end{aligned} \tag{5・33}$$

と得られる．ただし

$$\sum_{\ell=-\infty}^{\infty}J_\ell^2(\beta) = 1 \tag{5・34}$$

なる関係を用いた．すなわち，FM 信号の電力は変調指数 β に関係なく $A^2/2$ で一定で，これは単なる振幅 A の無変調の搬送波電力に等しい．また，正弦波変調信号以外の任意の変調信号 $m(t)$ に対しても FM 信号の電力は $A^2/2$ で一定である．

4. 周波数変調信号の発生と再生はどうするのか

〔1〕 周波数変調信号の発生と変調回路の例

FM 信号の発生は，**電圧制御発信器**（**VCO**: voltage controlled oscillator）を用いることで行える．これは情報信号 $m(t)$ を電圧として VCO に加えることにより，VCO の出力に直接 FM 信号を得るものである．これを**図 5・5** に示す．

$m(t)$ → [VCO] → FM 信号

● 図 5・5 FM 信号の発生回路 ●

またFM信号を2乗回路 $y=x^2$ に通すことにより

$$v^2(t) = A^2\cos^2(2\pi f_c t + \beta\theta_n(t) + \varphi)$$
$$= A^2/2 + (A^2/2)\cdot\cos(4\pi f_c t + 2\beta\theta_n(t) + 2\varphi) \qquad (5\cdot35)$$

なる中心周波数が $2f_c$ で変調指数が 2β のFM信号を得ることができる．これを**周波数2逓倍**という．このようにして変調指数をさらに大きくすることもできる．

〔2〕 **周波数変調信号の復調と復調回路の例**

次にFM信号の復調であるが，これは通常，**図5・6**に示す**リミッタディスクリミネータ**（limiter-discriminator，振幅制限・周波数弁別器）で行える．すなわち，まずリミッタにおいて通信路で受けたFM信号の振幅（包絡線）変動を除去する．これを式(5・36)で表す．

$$B(t)\cos(2\pi f_c t + \beta\theta_n(t) + \psi_n(t) + \varphi) \xrightarrow{\text{リミッタ}} \cos(2\pi f_c t + \beta\theta_n(t) + \psi_n(t) + \varphi)$$
$$(5\cdot36)$$

ただし，$\psi_n(t)$ は通信路の雑音に起因する**位相雑音**（**phase noise**）である．次にディスクリミネータはFM信号の瞬時周波数に比例した出力をつくり出す．すなわち

$$\frac{1}{2\pi}\frac{d}{dt}(\beta\theta_n(t)+\psi_n(t)+\varphi) = \frac{1}{2\pi}\frac{d}{dt}\beta\theta_n(t) + \frac{1}{2\pi}\frac{d}{dt}\psi_n(t) = k_f m(t) + n'(t)$$
$$(5\cdot37)$$

と表せる．したがって，ディスクリミネータの動作はFM信号の位相の時間微分を取ることである．通信路雑音がなければ，変調信号 $m(t)$ が正しく復調される．

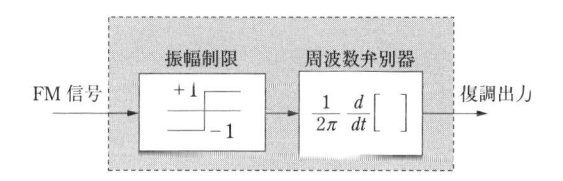

● 図5・6　リミッタディスクリミネータFM復調器 ●

5 周波数変調方式の品質はどのように測るか

FM方式の雑音について以下簡略に述べる．まず，**図5・7**にFM受信機のブロック図を示す．このとき **BPF**（band pass filter）の出力は

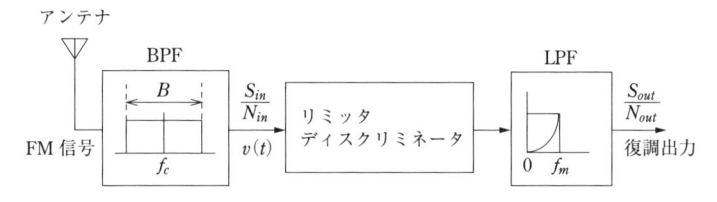

● 図 5・7　FM 受信機のブロック図 ●

$$v(t) = A\cos(2\pi f_c t + \theta(t) + \varphi) + n_x(t)\cos(2\pi f_c t) - n_y(t)\sin(2\pi f_c t) \quad (5・38)$$

と表せる．ただし，$n_x(t)$ と $n_y(t)$ はそれぞれ狭帯域白色ガウス雑音の同相成分と直交成分であり，共に両側電力スペクトル密度 N_0 をもつ．

式 (5・38) をフェーザ図に書くと図 5・8 のようになる．図 5・7 の BPF 出力における SN 比

$$S_{in}/N_{in} = (A^2/2)/(N_0 B) \quad (5・39)$$

が高いとき，すなわち図 5・8 において $A \gg |n_x(t)|$，$|n_y(t)|$ のときは，$n'_y(t) \approx n_y(t)$ および $A + n'_x(t) \approx A$ と近似でき

$$\psi_n(t) = \tan^{-1}\{n'_y(t)/(A + n'_x(t))\}$$
$$\approx \tan^{-1}\{n_y(t)/A\} \approx n_y(t)/A \quad (|n_y(t)|/A \ll 1) \quad (5・40)$$

と表せる．ここで式 (5・39) で定義される S_{in}/N_{in} は，FM 信号の伝送帯域幅 B 〔Hz〕における復調前の S/N であり，**入力 SN 比**と呼ばれる．また FM 信号は包絡線が一定であり，入力信号電力 $S_{in} = A^2/2$ は入力搬送波（キャリヤ）電力 C_{in} に等しいので，S_{in}/N_{in} のことを**入力 CN 比**（carrier to noise power ratio, C_{in}/N_{in}）と呼ぶこともある．式 (5・40) より図 5・8 におけるフェーザ $R(t)$ の角

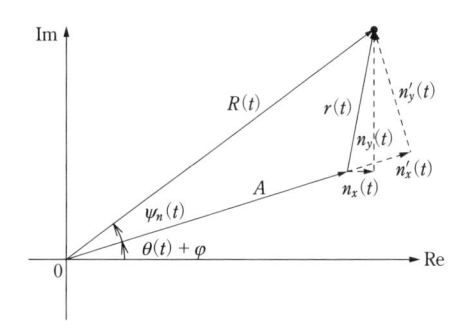

● 図 5・8　FM 受信信号のフェーザ図 ●

度は

$$\theta(t)+\varphi+\psi_n(t)\approx\theta(t)+\varphi+n_y(t)/A \tag{5・41}$$

と表せる．リミッタディスクリミネータの出力は，図 5・8 のフェーザ $R(t)$ の角度を時間微分して 2π で割ったものである．したがって，リミッタディスクリミネータの出力は

$$\{1/(2\pi)\}d\{\theta(t)\}/dt+\{1/(2\pi A)\}dn_y(t)/dt \tag{5・42}$$

と表せる．$\theta(t) = \beta\theta_n(t)$ であり，変調信号 $m(t)$ が正弦波 $\cos(2\pi f_m t)$ のとき，$\theta_n(t) = \sin(2\pi f_m t)$ および $\beta = \Delta f_{\max}/f_m$ であり

$$\{1/(2\pi)\}d\theta(t)/dt=\{1/(2\pi)\}d\beta\theta_n(t)/dt=\Delta f_{\max}\cos(2\pi f_m t) \tag{5・43}$$

となるから，復調信号電力 S_{out} は

$$S_{out}=(\Delta f_{\max})^2/2=(\beta f_m)^2/2 \tag{5・44}$$

となる．一方，式 (5・42) において白色ガウス雑音 $n_y(t)$ を時間微分することは，周波数領域では

$$d/dt \underset{\text{フーリエ変換}}{\Longleftrightarrow} j\omega=j2\pi f \tag{5・45}$$

なる操作であり，リミッタディスクリミネータの出力雑音の電力スペクトル密度を $N'(f)$ としたとき

$$N'(f)=|j2\pi f|^2 N_0/(2\pi A)^2=N_0 f^2/A^2 \quad (|f|\leq B/2) \tag{5・46}$$

と与えられる．$N'(f)$ を**図 5・9** に示す．同図より出力雑音の電力スペクトル密度は f^2 に比例して増大する．また，このとき雑音の振幅スペクトル密度は $\sqrt{f^2}=f$ に比例するので，$0\sim B/2$〔Hz〕で三角形の振幅スペクトルになり，この意味でこれを**三角雑音**と呼ぶ．

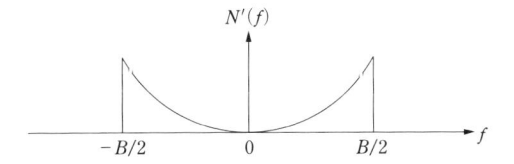

● **図 5・9** ディスクリミネータ出力雑音の電力スペクトル密度 $N'(f)$ ●

図 5・7 の復調出力に関しては，変調信号周波数 f_m 以上の成分は必要なく，LPF で除去するので，出力雑音電力は $N'(f)$ の $-f_m \sim f_m$ の積分で与えられる．

$$N_{out} = \int_{-f_m}^{+f_m} N'(f) df = \int_{-f_m}^{+f_m} (N_0 f^2/A^2) df = (N_0/A^2)\cdot(2f_m^3/3)$$
(5・47)

したがって，式 (5・44) と式 (5・47) より LPF 出力の S/N （**出力 SN 比**）は

$$\frac{S_{out}}{N_{out}} = \frac{(\beta f_m)^2/2}{(N_0/A^2)\cdot(2f_m^3/3)} = \frac{3B\beta^2}{2f_m}\cdot\frac{A^2/2}{N_0 B} = 3\beta^2(\beta+1)\frac{S_{in}}{N_{in}} \quad \left(\frac{S_{in}}{N_{in}} \gg 1\right)$$
(5・48)

となる．ただし $B = 2(\beta+1)f_m$ とし，式 (5・39) の関係を用いている．

式 (5・48) の S_{out}/N_{out} と式 (5・39) の S_{in}/N_{in} の比 $3\beta^2(\beta+1)$ は FM 方式の**復調利得**（検波利得）と呼ばれ，例えば $\beta = 2$ のときは $3\beta^2(\beta+1)=36$ となって $10\log_{10}(36) = 15.56\,\mathrm{dB}$ の復調利得がある．例えば S_{in}/N_{in} が $15\,\mathrm{dB}$ であれば，S_{out}/N_{out} は $30.56\,\mathrm{dB}$ となる．FM 音楽放送の音質がよいのはこのためである．

しかし，この代償として，必要伝送帯域幅は $\beta = 2$ のとき $B = 2(\beta+1)f_m|_{\beta=2} = 6f_m$ となって通常の AM 方式の 3 倍，SSB 方式の 6 倍となる．このように，FM 方式では復調利得（復調品質）を得る代わりに伝送帯域幅を犠牲にしている．**図 5・10** に S_{in}/N_{in} 対 S_{out}/N_{out} 特性を示す．図 5・10 において S_{in}/N_{in} が約 $10\,\mathrm{dB}$ で S_{out}/N_{out} が急激に劣化するが，これを**スレッショルド** (threshold) **現象**といい，これが起こる S_{in}/N_{in} の値をスレッショルド値という．式 (5・48) の S_{out}/N_{out} の計算値はこのスレッショルド値以上におけるものである．このスレッショルド現象は，リミッタディスクリミネータ FM 復調器の出力に現れるスパイクあるいはクリック状の雑音（数学モデルとしては $\delta(t)$ 関数波形で近似される）の発生によるものであり，$S_{in}/N_{in} \approx 10\,\mathrm{dB}$ 以下で急激に増加する．これは FM 音楽放送などでは "カリカリ" といった音として聞こえ，出力 S_{out}/N_{out} を急激に劣化させる．またこのような現象が起こるのは，FM 変調方式が本質的に**非線形変調方式**（変調信号のスペクトル形と FM 信号のスペクトル形が相似ではなく広がる）だからである．実際上 FM 変調方式が実用に耐えるのはこのスレッショルド値以上の領域である．ただし，位相同期ループ（**PLL**）や **FMFB** (FM feed-back) 復調器を FM 復調に用いると，このスレッショルド値が若干だが低い方に拡張できる．また変調指数 β が大きいときは，S_{in}/N_{in} を $10\,\mathrm{dB}$ 以上確保するために非常に大きな受信電力 $A^2/2$ が必要となる．

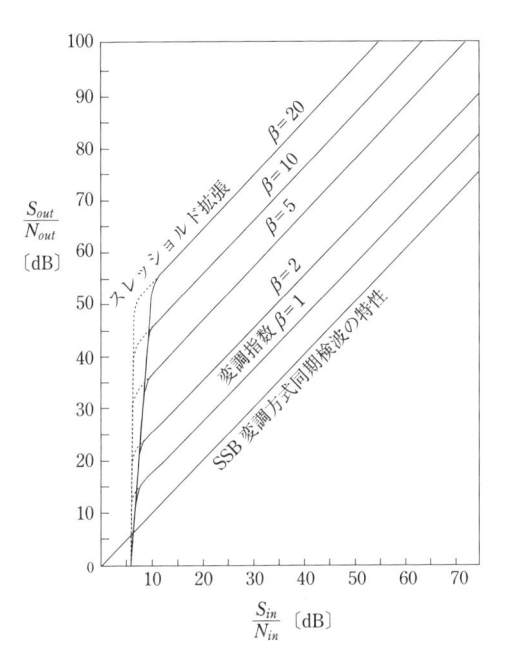

● 図 5・10　FM 方式の出力 S/N 特性 ●

〔1〕 プリエンファシス・ディエンファシス

　本節で述べたように，スレッショルド値以上の領域においては，出力雑音の電力スペクトル密度は f^2 に比例して大きくなる．しかし，情報信号のスペクトルは一般に周波数が高くなるほど小さくなる．したがって，FM 復調後，これらの弱い高周波の信号成分は，f^2 で強くなる雑音成分に埋もれてしまい，高い周波数部分で復調後の S/N が悪くなる．これを防ぐ方法として**プリエンファシス・ディエンファシス**（pre-emphasis and de-emphasis）が考えられた．すなわち，送信側では情報信号の高い周波数成分をあらかじめ強めて FM 変調をかけて送信する．受信側では FM 信号復調後，信号成分の高周波域を弱めるように送信側とは逆特性の操作を施す．このとき，信号成分は元の情報信号のスペクトルに戻るが，f^2 で増加する復調雑音は高周波域が減衰してほぼ平坦なスペクトルとなり，よって高周波域での S/N が改善される．この目的で送信側でプリエンファシスフィルタおよび受信側でディエンファシスフィルタが使用される．

FM復調におけるクリック雑音

図 5·7 の FM 受信機の BPF 出力において，受信 FM 信号と雑音は

$$v(t)=A\cos(2\pi f_c t+\theta(t))+n_x(t)\cos 2\pi f_c t-n_y(t)\sin 2\pi f_c t \qquad (5\cdot 49)$$

と表せる．特に，無変調の FM 信号の場合は $\theta(t)=0$ であり

$$\begin{aligned}v(t)&=A\cos 2\pi f_c t+n_x(t)\cos 2\pi f_c t-n_y(t)\sin 2\pi f_c t\\&=[A+n_x(t)]\cos 2\pi f_c t-n_y(t)\sin 2\pi f_c t\\&=\sqrt{[A+n_x(t)]^2+n_y^2(t)}\cos[2\pi f_c t+\psi_n(t)]\end{aligned}$$

$$\psi_n(t)=\tan^{-1}[n_y(t)/\{A+n_x(t)\}] \qquad (5\cdot 50)$$

となる．式 (5·50) の位相 $\psi_n(t)$ は，**位相雑音** (phase noise) と呼ばれ，式 (5·49) の雑音が位相成分に変換されたものである．式 (5·50) はさらに

$$v(t)=[A+n_x(t)]\cos 2\pi f_c t-n_y(t)\sin 2\pi f_c t=Re\left\{[A+n_x(t)+jn_y(t)]e^{j2\pi f_c t}\right\}$$

$$(5\cdot 51)$$

と表せ，$[A+n_x(t)+jn_y(t)]$ の部分を複素平面上に表示したものを**フェーザ** (phasor) **図**といい，これを図 5·11 に示す．

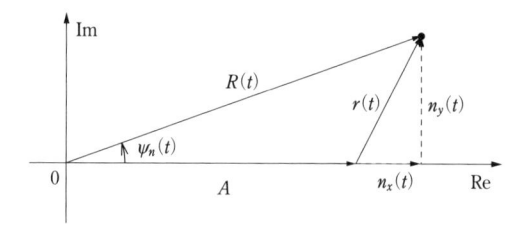

● 図 5·11 FM 受信機の位相雑音を表すフェーザ図 ●

ここで図 5·7 の受信 FM 受信機のリミッタディスクリミネータの出力雑音は $\{1/(2\pi)\}\cdot d\psi_n(t)/dt$ で与えられる．図 5·11 において $A\gg r(t)$ の場合の $R(t)$ の

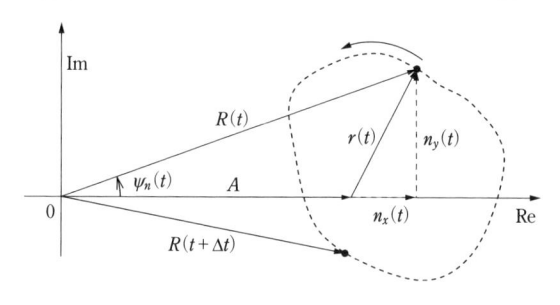

● 図 5·12 位相雑音を表すフェーザ図 ●

軌跡を図 5・12 に示す．また位相雑音 $\psi_n(t)$ とその時間微分である出力雑音を図 5・13 に示す．

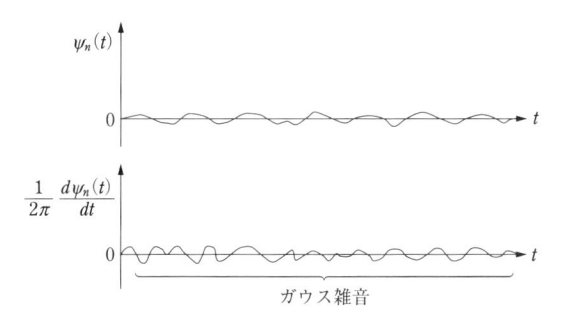

● 図 5・13　位相雑音とその時間微分 ●

図 5・12 および図 5・13 の場合は，$A \gg |n_x(t)|, |n_y(t)|$ であるので

$$\psi_n(t) = \tan^{-1}[n_y(t)/\{A+n_x(t)\}] \approx n_y(t)/A \tag{5・52}$$

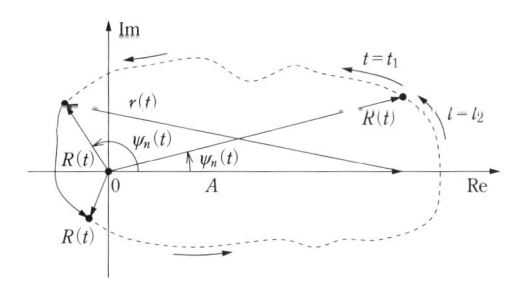

と書け，位相雑音 $\psi_n(t)$ およびその時間微分である出力雑音 $\{1/(2\pi)\} \cdot d\psi_n(t)/dt$ は共にガウス雑音となる．これは図 5・10 のスレッショルド値以上の出力雑音で，S_{in}/N_{in} に比例して S_{out}/N_{out} も増加する．しかし，図 5・11 において $r(t) > A$ のときは $R(t)$ の軌跡は**図 5・14** のようになる．このときベクトル $R(t)$ が $t=t_1$ から $t=t_2$ で原点の周りを 1 回転し，位相 $\psi_n(t)$ は 2π だけ回転し，位相雑音 $\psi_n(t)$ の時間変化は**図 5・15** のように 2π だけステップ的に変化する．この結果，位相雑音の時間微分である出力雑音には，面積 1 のスパイク状の雑音が生じる．これが**クリック雑音**（click noise）と呼ばれる雑音で，FM 復調特有の雑音である．このクリック雑音が頻繁に生じるようになると出力雑音電力が急激に増加し，図 5・10 におけるスレッショルド現象となって，S_{out}/N_{out} が急激に劣化する．

● 図 5・14　$r(t) > A$ の場合の位相雑音を表すフェーザ図 ●

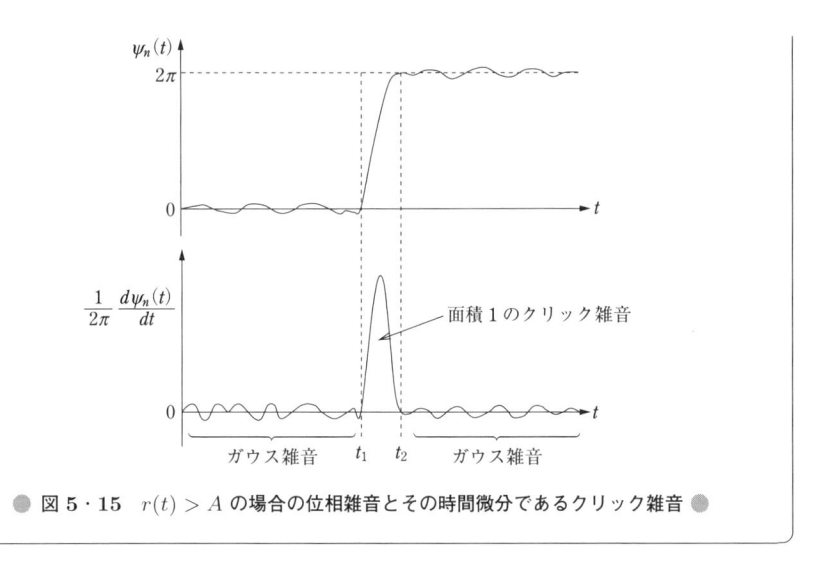

● 図 5・15　$r(t) > A$ の場合の位相雑音とその時間微分であるクリック雑音 ●

まとめ

　本章では，アナログ角度変調信号について学んだ．まず周波数と位相は互いに微分と積分の関係で結ばれることを学んだ．次に，周波数変調信号のスペクトルは，変調指数が大きく変調が深い場合は，情報信号に比べ大きく広がることを学んだ．また角度変調信号の発生と再生について，広く用いられる VCO とリミッタディスクリミネータについて学んだ．さらに周波数変調信号の品質は出力 SN 比で測ることや，周波数変調信号の復調に特有なスレッショルド現象について学んだ．アナログ角度変調方式の考え方は，ディジタル変調方式にも適用でき，FSK や MSK 変調方式として活用されるが，詳細は 9 章で学ぼう．

演習問題

問1　周波数 f_m の正弦波で変調された FM 信号 $v(t) = A\cos(2\pi f_c t + \beta \sin 2\pi f_m t + \varphi)$ に関し答えよ．
  (1) FM 信号の電力 P を示せ．
  (2) 最大周波数偏移 $\Delta f_{\max}$ を求めよ．
  (3) 復調出力（情報信号）を求めよ．
  (4) 伝送必要帯域幅 B を記せ．

問 2 正弦波変調 FM 信号は，次式のようにスペクトル成分の和として書ける．

$$v(t) = A\cos(2\pi f_c t + \beta \sin 2\pi f_m t + \varphi) = A \sum_{\ell=-\infty}^{\infty} J_\ell(\beta) \cos(2\pi (f_c + \ell f_m) t + \varphi)$$

(1) 周波数 $f_c + 3f_m$ におけるスペクトル成分（spectral component）の振幅を示せ．

(2) 搬送波周波数 f_c におけるスペクトル成分の振幅を示せ．

(3) 搬送波周波数 f_c におけるスペクトル成分の振幅が 0 になる変調指数 β の値を求めよ．

問 3 時間幅 T で振幅 ± 1 の方形波で変調された FM 信号は，二つの周波数 $f_1 = f_c - \Delta f$ と $f_2 = f_c + \Delta f$ を取り，それぞれの周波数でデータ -1 と $+1$ を送信するので，ディジタル FM あるいは FSK（frequency shift keying）と呼ばれる．

(1) ディジタル FM における変調指数 h は $h = 2\Delta f T$ で与えられる．$h = 0.5$ のとき 1 ビット長 T 区間での位相 $\theta(t)$ の変化量 $\Delta \theta$ を求めよ．

(2) $h = 0.5$ のとき二つの周波数 f_1 と f_2 を求めよ．

(3) $f_c = 1\,\text{MHz} = 10^6\,\text{Hz}$ でビット速度 1 000 [bit/s] のとき，周波数 f_1 と f_2 の値を求めよ．

6 章
自己相関関数と電力スペクトル密度

　本章では，通信システムにおける信号解析に重要な自己相関関数と電力スペクトル密度について説明する．受信機は，送信信号の信号パターンや雑音信号の信号パターンを事前に知っていることはない．つまり，受信機にとって受信信号とは，振舞いのわからない不規則な信号であるといえる．この不規則信号を数学的に厳密に取り扱うことは難しいが，自己相関関数や電力スペクトル密度という道具を利用すると，不規則信号の重要な性質をとらえることができる．

　本章では，不規則信号の自己相関関数や電力スペクトル密度を求め，その物理的意味について学ぼう．はじめに，扱いが簡単な確定信号の自己相関関数と電力スペクトル密度（エネルギースペクトル密度）について説明する．次に，不規則信号の統計量と性質について述べ，自己相関関数と電力スペクトル密度の意味について説明する．本章の説明は，直感的な理解に重点をおいた数学的な厳密性にこだわっていないものである．より厳密な理解が必要な際には確率過程に関する教科書を参考にするとよい．

1　確定信号の自己相関関数とスペクトル密度を求めよう

　不規則信号の取扱いに入る前に，扱いが容易な確定信号の自己相関関数と電力スペクトル密度（エネルギースペクトル密度）を求めよう．信号の種類には1章で示したように，エネルギー有限の信号とエネルギー無限の信号に分けることができる．次に示すように，この両者によって自己相関関数の定義は少し異なるが，物理的意味は両者とも同じである．そのため，使用する記号も同じとする．

〔1〕　確定信号の自己相関関数

　エネルギー有限の確定信号を $x(t)$ とする．この自己相関関数は次のように定義される．

$$R_x(\tau) = \int_{-\infty}^{\infty} x^*(t) x(t+\tau) dt \qquad (6\cdot1)$$

　ここで $x^*(t)$ は $x(t)$ の複素共役である．一見すると，この式は1章で示した畳込みの式と似ている．しかし，時間変数 t や τ にかかる符号の正負のようすが異

なり，畳込みと自己相関関数の意味は全く違うことに注意する．$\tau = 0$ の場合，式 (6・1) は次のように書くことができる．

$$R_x(0) = \int_{-\infty}^{\infty} x^*(t)x(t)dt = \int_{-\infty}^{\infty} |x(t)|^2 dt \quad (6・2)$$

これは信号 $x(t)$ のエネルギーを意味する．

次にエネルギー無限の確定信号の自己相関関数を定義する．確定信号 $x(t)$ のエネルギーが無限の場合，この自己相関関数は次のようになる．

$$R_x(\tau) = \lim_{T \to \infty} \frac{1}{T} \int_{-T/2}^{T/2} x^*(t)x(t+\tau)dt \quad (6・3)$$

$\tau = 0$ の場合，$R_x(0)$ は信号 $x(t)$ の平均電力を意味する．もし確定信号が周期 T をもつ周期関数であった場合，フーリエ級数展開を用いて $x(t) = \sum_{n=-\infty}^{\infty} X_n e^{j2\pi n f_0 t}$ として表現できるため，自己相関関数は次式となる．

$$R_x(\tau) = \frac{1}{T} \int_T \left\{ \sum_{n=-\infty}^{\infty} X_n^* e^{-j2\pi n f_0 t} \right\} \left\{ \sum_{m=-\infty}^{\infty} X_m e^{j2\pi m f_0 (t+\tau)} \right\} dt$$

$$= \sum_{n=-\infty}^{\infty} |X_n|^2 e^{j2\pi n f_0 \tau} \quad (6・4)$$

ここで，$f_0 = 1/T$ である．式 (6・4) より，確定信号が周期関数の場合，その自己相関関数も周期関数であることがわかる．

〔2〕 確定信号のスペクトル密度

自己相関関数は τ の関数として表現される．そのため，τ についてのフーリエ変換を求めることができる．ここで，自己相関関数のフーリエ変換が信号のどのような性質を表現するかを調べよう．

エネルギー有限の確定信号の場合，自己相関関数 $R_x(\tau)$ のフーリエ変換は次のようになる．

$$S_x(f) = \int_{-\infty}^{\infty} R_x(\tau) e^{-j2\pi f \tau} d\tau$$

$$= X^*(f) \cdot X(f) = |X(f)|^2 \quad (6・5)$$

ここで，$X(f)$ は確定信号 $x(t)$ のフーリエ変換である．1章で示したパーシバルの定理より，この確定信号のエネルギー E は

$$E = \int_{-\infty}^{\infty} |X(f)|^2 df = \int_{-\infty}^{\infty} S_x(f) df \quad (6・6)$$

のように $S_x(f)$ の全周波数にわたる積分の値として求められる．そのため $S_x(f)$ はエネルギースペクトル密度と呼ばれる．

次にエネルギー無限の確定信号の場合を考える．簡単のため確定信号 $x(t)$ を周期関数とするとき，その自己相関関数は式 (6·4) であり，その τ によるフーリエ変換は次式のようになる．

$$S_x(f) = \int_{-\infty}^{\infty} \sum_{n=-\infty}^{\infty} |X_n|^2 e^{j2\pi n(f_0+f)\tau} d\tau$$
$$= \sum_{n=-\infty}^{\infty} |X_n|^2 \delta(f-nf_0) \tag{6·7}$$

このように，周期関数の自己相関関数のフーリエ変換は間隔 f_0 のインパルス列となり，右辺の各項は各周波数 nf_0 における正弦波の電力を意味する．また，周期信号 $x(t)$ の電力 P_x はパーシバルの公式より

$$P_x = \sum_{n=-\infty}^{\infty} |X_n|^2 \tag{6·8}$$

と表現できるため，式 (6·7) は電力スペクトル密度と呼ばれる．

このように，確定信号の自己相関関数のフーリエ変換はエネルギースペクトル密度（あるいは電力スペクトル密度）になるという性質がある．後述するように，この性質は（ある条件をもつ）不規則信号でも成り立つ．この性質は**ウィナー・ヒンチンの定理**と呼ばれる．

② 不規則信号の自己相関関数と電力スペクトル密度を求めよう

ディジタル通信において，受信信号に含まれる 0 と 1 のパターンをあらかじめ受信機が知っていることはない．つまり，受信機にとって受信信号とは不規則信号 (p.9) である．さらに，信号の伝送過程において重畳される雑音はまさしく不規則な信号である．このような不規則信号（ランダム信号とも呼ばれる）を理解することは通信システムを考えるうえで大変重要である．

この不規則信号の取扱いには確率過程という数学手法を利用する．この確率過程の取扱いは本来は難しいものであるが，自己相関関数と電力スペクトル密度という簡単な道具を使うことで不規則信号の重要な性質を取り出せることを示そう．なお，簡単のため，本章で取り扱う不規則信号は実関数であると仮定する．

2 不規則信号の自己相関関数と電力スペクトル密度を求めよう

〔1〕 不規則信号の集合平均と自己相関関数

不規則信号の数学的意味を理解するために，確率の講義で学んだ標本空間と標本について思い出そう．標本とはある試行によって発生する結果のことであり，その標本の集合が標本空間である．ここで，標本が時間信号であるようなものを考えよう．図 6・1 の左は標本が信号である標本空間を示し，右は具体的な時間信号（見本関数と呼ばれる）を示している．時間信号の振舞いが確率的であるとき，その信号は**不規則信号**と呼ばれる．

ある標本空間の不規則信号の統計的性質を調査するためには，標本空間に存在する多数の（一般には無限の）不規則信号を集め，その統計量を調べる必要がある．つまり，ある一つの不規則信号のみを観測するだけでは不規則信号全体の性質を見たことにはならないことに注意しよう．

まず基本的な統計量として不規則信号の平均を求めよう．ある時刻 t_1 における不規則信号の値 $n(t_1)$ はある確率に従った値となり，平均 $m(t_1)$ は次式より求められる．

$$m(t_1) = E[n(t_1)] = \int_{-\infty}^{\infty} x \cdot f_{n(t_1)}(x) dx \qquad (6・9)$$

ここで $f_{n(t_1)}(x)$ は時刻 t_1 における不規則信号 $n(t_1)$ の確率密度関数である．この考え方より，一般に着目する時刻が変われば平均値も変わることとなり，つまり平均値は時間の関数である．後述するように，不規則信号では別の平均値の概念があるため，区別のためこの平均のことを**集合平均**とも呼ぶ．

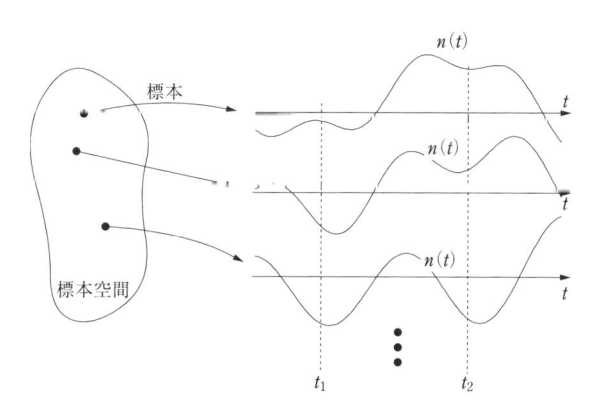

● 図 6・1　不規則信号の見本関数 ●

次に不規則信号の自己相関関数を考えよう．**自己相関関数**とは，不規則信号を時間的にずらした場合，ずらす前のものとどの程度似ているか（類似度）を示す関数である．自己相関関数 $R_n(t_1, t_2)$ は次のように定義されている．

$$R_n(t_1,t_2) = E[n^*(t_1)n(t_2)] \tag{6・10}$$

$$= \int_{-\infty}^{\infty}\int_{-\infty}^{\infty} x_1^* x_2 f_{n(t_1),n(t_2)}(x_1,x_2) dx_1 dx_2 \tag{6・11}$$

ここで $f_{n(t_1),n(t_2)}(x_1,x_2)$ は，不規則信号の時刻 t_1, t_2 における結合確率密度関数である．

〔2〕 **不規則信号の定常性**

不規則信号によっては，その統計的性質が時間とともに変化しないものがある．このような信号は**定常**であると呼ばれる．不規則信号が定常であることを厳密に示すことは一般に難しいが，現実には集合平均と自己相関関数だけが定常性を満たせば実用上問題のない場合が多い．この集合平均と自己相関関数が定常であるような不規則信号は**弱定常**（あるいは広義定常，二次定常）と呼ばれる．不規則信号が弱定常であればその解析は容易である．不規則信号が弱定常であることを数式で示すと，次のようになる．

$$E[n(t)] = m_n \tag{6・12}$$

$$R_n(t_1,t_2) = R_n(0,t_2-t_1) \equiv R_n(\tau) \; (=E[n(t)n(t+\tau)]) \tag{6・13}$$

ここで $\tau = t_2 - t_1$ である．式 (6・12) は不規則性の性質が時間とともに変化しないため，集合平均は時間によらず一定値であることを意味する．また式 (6・13) の自己相関関数については，時刻 (t_1, t_2) を用いて導出した自己相関関数と $(0, t_2 - t_1)$ を用いて導出した自己相関関数は全く同じ形となり，つまり自己相関関数は一変数 τ のみに依存した関数となることを意味する．

〔3〕 **不規則信号のエルゴード性と時間平均**

不規則信号の集合平均や自己相関関数を実際に求めることを考えよう．その場合，本来は同じ時間に大量（場合によっては無限）の見本関数の観測が必要であるが，現実としてそれは不可能である．工学的な視点から考えたとき，ある一つの見本信号を長時間観測することが現実的で，もしこの観測結果から不規則信号の全体の統計量が求められれば望ましい．

そこで図 **6・2** のように，ある一つの見本信号に着目し，次の値を定義する．

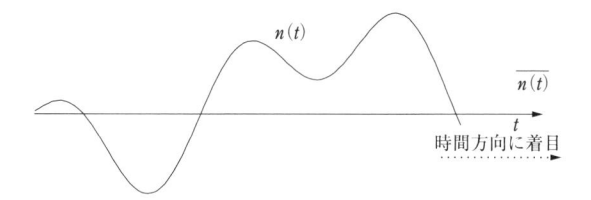

図 6・2 不規則信号のエルゴード性

$$\overline{n(t)} = \lim_{T \to \infty} \frac{1}{T} \int_{-T/2}^{T/2} n(t) dt \tag{6・14}$$

式 (6・14) は，見本信号の各時刻における値の平均値の期待値であり，見本信号を長時間観測して得られる平均値といってよい．この値は**時間平均**と呼ばれている．

この時間平均の値が集合平均と等しい不規則信号は**エルゴード性**をもつといわれる．不規則信号がエルゴード性をもつとき，集合平均は時間によらず一定である．また，不規則信号が弱定常でエルゴード性をもてば，自己相関関数は

$$R_n(\tau) = \lim_{T \to \infty} \frac{1}{T} \int_{-T/2}^{T/2} n(t) n(t+\tau) dt \tag{6・15}$$

として求めることができる．

〔4〕 **不規則信号の電力スペクトル密度**

不規則信号が弱定常であれば，式 (6・13) で示したように自己相関関数は τ の関数として表現できるため，そのフーリエ変換を定義することができる．自己相関関数 $R_n(\tau)$ のフーリエ変換は次のように求められる．

$$S_n(f) = \int_{-\infty}^{\infty} R_n(\tau) e^{-j2\pi f \tau} d\tau \tag{6・16}$$

これを，不規則信号の電力スペクトル密度と定義する．

ここで，式 (6・16) が電力スペクトル密度としてふさわしいことを示そう．不規則信号 $n(t)$ が実関数の場合，その平均電力は $E[n(t)n(t)]$ $(= E[(n(t))^2])$ である．この値は式 (6・13) において $\tau = 0$ とすることで得られる．$R_n(\tau)$ は $S_n(f)$ の逆フーリエ変換として求めることができるので

$$R_n(\tau) = \int_{-\infty}^{\infty} S_n(f) e^{j2\pi f \tau} df \tag{6・17}$$

となり，この式において $\tau = 0$ とすれば次式のような関係が得られる．

$$E[n(t)n(t)] = R_n(0) = \int_{-\infty}^{\infty} S_n(f) df \tag{6・18}$$

式 (6・18) は $S_n(f)$ を全周波数に渡って積分すると平均電力になることを意味しており，$S_n(f)$ が電力スペクトル密度であることをまさしく示している．

〔5〕 **自己相関関数と電力スペクトル密度の特徴**

不規則信号の自己相関関数と電力スペクトル密度の特徴についていくつか列記する．

- 自己相関関数は偶関数である．つまり $R_n(\tau) = R_n(-\tau)$．
  $R_n(-\tau) = E[n(t)n(t-\tau)]$ として求められる．弱定常であるため自己相関関数は τ のみに依存し，t に依存しないため，$R_n(-\tau) = E[n(t+\tau)E(t)] = E[n(t)n(t+\tau)] = R_n(\tau)$ の関係が成り立つ．
- 電力スペクトル密度は偶関数である．
  自己相関関数が偶関数であるため，そのフーリエ変換である電力スペクトル密度も偶関数となる．
- $R_n(0) \geq |R_n(\tau)|$
  自己相関関数とは前述の通り，信号を τ だけずらしたとき，ずらす前の信号とどの程度似ているかを示す量である．$\tau = 0$ のときは，信号波形が全く同型となるため，最も似ていることとなり，自己相関値も最大となる．

[例 6.1 ガウスランダム信号（雑音）]

任意時刻における大きさが正規分布（ガウス分布）に従う不規則信号は，ガウスランダム信号と呼ばれる．ガウスランダム信号は，雑音を表現するものとして重要である．**図 6・3** にガウスランダム信号の例を示す．

ガウスランダム信号において，特に重要なものに白色ガウス雑音がある．白色ガウス雑音 $n(t)$ は，任意時刻における大きさの確率密度関数が正規分布であり，その集合平均と自己相関関数は以下のように定義される．

$$m_n = E[n(t)] = 0 \tag{6・19}$$

$$R_n(t_1, t_2) = E[n^*(t_1) n(t_2)] = \sigma^2(t_1, t_2)\delta(t_1 - t_2) \tag{6・20}$$

さらに白色ガウス雑音の自己相関関数が，時不変

$$R_n(t_1, t_2) = R_n(t_1 - t_2) = \sigma^2 \delta(t_1 - t_2) \tag{6・21}$$

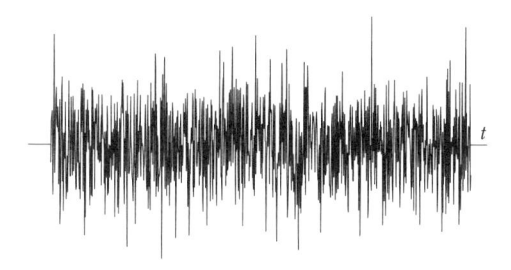

● 図 6・3　ガウスランダム信号の見本関数 ●

であるとき，すなわち弱定常であるときは，（ここでは証明は略すが）白色ガウス雑音は定常となる．

式 (6・21) をフーリエ変換することで，電力スペクトル密度は

$$S_n(f) = \sigma^2 \tag{6・22}$$

となる．このように，電力スペクトル密度が周波数によらず一定であるような不規則信号を，**白色**であるという．なお，白色である信号は，電力が無限大 ($R_n(0) = \infty$) であり，現実には存在し得ない仮想の存在であることに注意する必要がある．

[**例 6.2**　ランダムパルス列の自己相関関数と電力スペクトル密度]

ランダムパルス列の自己相関関数と電力スペクトル密度を求めよう．ランダムパルス列は，離散ランダム系列 $\{a_k\}_{k=-\infty}^{\infty}$，パルス波形 $g(t)$，そしてパルス間隔 T を用いて次のように定義できる．なお，パルス波形 $g(t)$ はエネルギー有限の確定信号であることに注意する．

$$x(t) = \sum_{k=-\infty}^{\infty} a_k g(t - kT) \tag{6・23}$$

ここで，離散ランダム系列に次のような性質があるとしよう．

$$m_a(k) = E[a_k] = m_a (\text{一定値}) \tag{6・24}$$

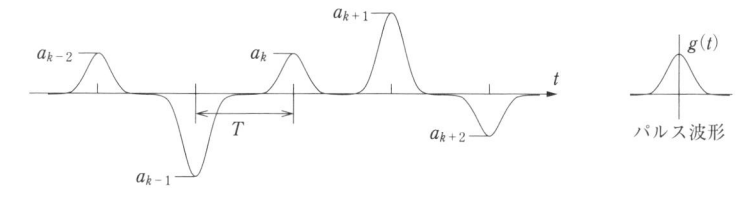

● 図 6・4　ランダムパルス列の見本関数 ●

$$R_a(k,l)=E[a_k a_l]=R_a(k-l)=R_a(i) \ (ただし \ i=k-l) \qquad (6 \cdot 25)$$

この性質は，離散ランダム系列 $\{a_k\}$ が離散的に弱定常であることを意味している．
ランダムパルス列の集合平均と自己相関関数は次のように求められる．

$$m_x(t) = E\left[\sum_{k=-\infty}^{\infty} a_k g(t-kT)\right] = m_a \sum_{k=-\infty}^{\infty} g(t-kT) \qquad (6 \cdot 26)$$

$$R_x(t,t+\tau) = E\left[\sum_{k=-\infty}^{\infty} a_k g(t-kT) \sum_{l=-\infty}^{\infty} a_l g(t+\tau-lT)\right]$$

$$= \sum_{i=-\infty}^{\infty} \left[R_a(i) \sum_{k=-\infty}^{\infty} g(t-kT)g(t+\tau-kT+iT)\right] \qquad (6 \cdot 27)$$

この集合平均と自己相関関数は，周期 T で繰り返されることがわかる．つまり，次式が成り立つ．

$$m_x(t+kT) = m_x(t) \qquad (6 \cdot 28)$$

$$R_x(t+\tau+kT,t+kT) = R_x(t+\tau,t) \qquad (6 \cdot 29)$$

この性質が成り立つ不規則信号を，**周期弱定常**と呼ぶ．周期弱定常の不規則信号の自己相関関数は (6・27) で示したように t, τ の 2 変数による関数であるが，以下の時間区間 T の平均化の操作によって τ だけの関数が求められる．

$$R_{xs}(\tau) = \frac{1}{T}\int_0^T R_x(t,t+\tau)dt = \frac{1}{T}\sum_{i=-\infty}^{\infty} R_a(i) R_g(\tau+iT) \qquad (6 \cdot 30)$$

ここで，$R_g(t)$ はパルス波形 $g(t)$ の自己相関関数である．最後に，このフーリエ変換を取ることで，ランダムパルス列の電力スペクトル密度が求められる．

$$S_x(f) = \frac{|G(f)|^2}{T}\left(R_a(0) + 2\sum_{i=1}^{\infty} R_a(i)\cos(2\pi f iT)\right) \qquad (6 \cdot 31)$$

ここで，$G(f)$ は確定信号 $g(t)$ のフーリエ変換である．

〔6〕 **不規則信号の線形システム出力の電力スペクトル密度**

最後に不規則信号 $n(t)$ をインパルス応答 $h(t)$ をもつ線形システムに入力することを考え，その出力信号の統計量を議論しよう．この議論は受信信号における最適信号検出に用いられる重要なものである．

出力信号を $r(t)$ としたとき，時刻 t での集合平均 $m_r(t)$ は次式で求めることができる．ここで入力する不規則信号は弱定常であり，$E[n(t)] = m_n$ とする．

2 不規則信号の自己相関関数と電力スペクトル密度を求めよう

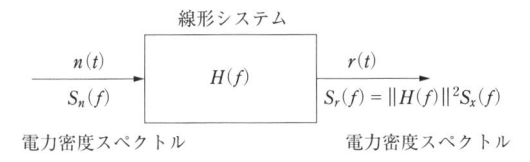

```
        線形システム
n(t) →  ┌─────┐  → r(t)
Sₙ(f)   │ H(f) │    Sᵣ(f) = ‖H(f)‖²Sₓ(f)
        └─────┘
電力密度スペクトル      電力密度スペクトル
```

図 6・5 不規則信号のエルゴード性

$$m_r(t) = E[r(t)] = \int_{-\infty}^{\infty} E[n(t-\lambda)]h(\lambda)d\lambda \tag{6・32}$$

ここで，もし $n(t)$ が弱定常であれば $E[n(t-\lambda)] = m_n$ のため，これを上式に代入すると $m_r(t) = m_n \int_{-\infty}^{\infty} h(\lambda)d\lambda = m_n H(0)$ となる．つまり $m_r(t)$ は一定値となる．

次に出力信号の自己相関関数 $R_r(t_1, t_2)$ を求める．ここで入力する不規則信号は弱定常であり，自己相関関数は $R_n(\tau) = E[n(t)n(t+\tau)]$ で求められるとする．

$$R_r(t_1, t_2) = E[r(t_1)r(t_2)] = E\left[\int_{-\infty}^{\infty} h(u)n(t_1-u)du \int_{-\infty}^{\infty} h(v)n(t_2-v)dv\right]$$

$$= \int_{-\infty}^{\infty} \int_{-\infty}^{\infty} R_n(\tau+u-v)h(u)h(v)dudv \tag{6・33}$$

ここで $\tau = t_2 - t_1$ である．式 (6・33) より，出力信号の自己相関関数は τ だけの関数である．出力信号の集合平均が時間によらず一定であったという結果と合わせ，出力信号が弱定常であることがいえる．

出力信号が弱定常であることがわかったので，このフーリエ変換を求めることができ，次式のようになる．

$$S_r(f) = \int_{-\infty}^{\infty} R_r(\tau)e^{-j2\pi f\tau}d\tau$$

$$= \int_{-\infty}^{\infty} \int_{-\infty}^{\infty} \int_{-\infty}^{\infty} h(u)h(v)R_n(\tau+u-v)e^{-j2\pi f\tau}dudvd\tau$$

（$w = \tau + u - v$ の変数変換により）

$$= \int_{-\infty}^{\infty} h(u)e^{j2\pi fu}du \int_{-\infty}^{\infty} h(v)e^{-j2\pi fv}dv \int_{-\infty}^{\infty} R_n(w)e^{-j2\pi fw}dw$$

$$= H^*(f)H(f)S_n(f) = |H(f)|^2 S_n(f) \tag{6・34}$$

このように，入力信号が不規則信号であっても，線形フィルタの伝達関数がわかっていれば，出力信号の電力スペクトル密度は容易に求めることができる．

まとめ

本章では，不規則信号を取り扱うための道具として，自己相関関数と電力スペクトル密度を紹介した．はじめに，より簡単な確定信号における自己相関関数とスペクトル密度を示した．次に，不規則信号の統計的性質（集合平均，自己相関関数，定常性（弱定常），エルゴード性，時間平均）について説明した．不規則信号が弱定常であるときに，1変数 τ で自己相関関数を表現することができる．その場合，そのフーリエ変換が定義でき，それが電力スペクトル密度である．この自己相関関数と電力スペクトル密度は不規則信号の性質を調べるうえで大変重要でかつ簡単な道具であり，この不規則信号の性質を知ることが，通信システムの設計において重要となる．

演習問題

問 1 次の確定信号の自己相関関数とエネルギースペクトル密度を求めよ．

$$x(t) = \begin{cases} e^{-\alpha t} & (t \geq 0) \\ 0 & (t < 0) \end{cases} \tag{6・35}$$

問 2 弱定常をもつ不規則信号 $n(t)$ の自己相関関数 $R(\tau)$ について，次の式が成り立つことを証明せよ．$E[(n(t) \pm n(t-\tau))^2] \geq 0$ であることを利用せよ．

$$R(0) \geq |R(\tau)| \tag{6・36}$$

問 3 ランダムパルス列の自己相関関数 (6・30) のフーリエ変換が式 (6・31) になることを示せ．

問 4 例 6.1 のガウスランダム信号を次の伝達関数をもつ RC 低域フィルタに入力する．そのときの出力信号の電力スペクトル密度，自己相関関数，そして電力を求めよ．

$$H(f) = \frac{1}{1 + j2\pi fRC} \tag{6・37}$$

7章

線形ディジタル変調信号の基礎

本章では線形ディジタル変調信号の基本について学ぶ．具体的には2値位相変調方式（BPSK）を取り上げて説明する．本章の学習目標は，BPSKの送受信機モデルを描けること，送受信の仕組みを理解すること，そして信号スペクトルと帯域幅の関係を説明できることである．さらに，線形ディジタル変調信号の品質として，SNR，CNR，C/N_0，E_b/N_0 が説明でき，最もよく利用される性能指標である誤り率について理解することである．

1 線形ディジタル変調信号の発生と再生はどうするのか

2値位相変調方式（**BPSK**: binary phase shift keying）は最も基本的なディジタル変調方式である．図7・1にBPSKの送受信機モデルを示す．

送信機には，データ系列 $d_i \in \{+1, -1\}$ で生成される次の情報波形が入力される．

$$b(t) = \sum_i d_i \psi(t - iT_b) \tag{7・1}$$

ここで，i は時刻を表すインデックスである．T_b はデータの継続時間であり，データレート（data rate）を R_b〔bit/s〕で定義すると，$R_b = 1/T_b$ となる．$\psi(s)$ は送信される（任意の）波形を表しており，$0 \leq s < T_b$ 以外では $\psi(s) = 0$ とする（時間制限パルス）．$1/T_b \int_0^{T_b} \psi^2(s)ds = 1$ である（単位エネルギー）．

図7・2(a)にデータ波形を示す．この波形は，振幅が0となることはない．これより，**Non-Return to Zero**（**NRZ**）**波形**と呼ばれている．

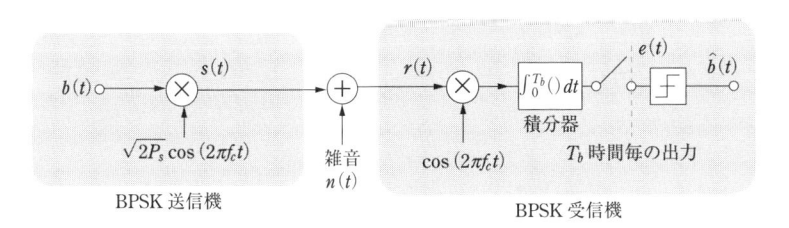

● 図7・1　BPSKの送受信機モデル図 ●

7章 線形ディジタル変調信号の基礎

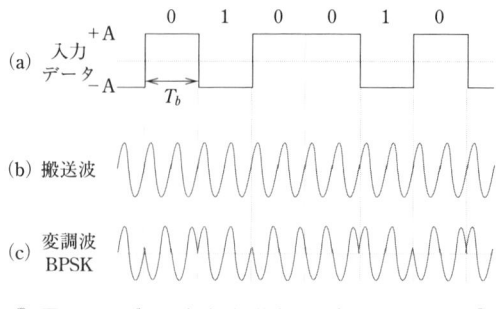

● 図 7・2　データ波形，搬送波および BPSK 変調波 ●

〔1〕 **送信機**

送信機では，先に述べた情報波形に対して変調が施される．図 7・2(b), (c) に搬送波と変調波を示す．

信号電力を P_s とすると，式 (8・11) の信号振幅は $P_s = A^2/2$ より $A = \sqrt{2P_s}$ となり，搬送波は次式で与えられる．

$$\sqrt{2P_s}\cos(2\pi f_c t)$$

これより送信信号は次のように書くことができる．

$$s(t) = b(t)\sqrt{2P_s}\cos(2\pi f_c t) \qquad (7・2)$$

ここで，$b(t)$ は情報波形であり，$+1$ あるいは -1 をとる．これより，$b(t)=+1$ のとき

$$s(t) = +\sqrt{2P_s}\cos(2\pi f_c t) \qquad (7・3)$$

$b(t)=-1$ のとき

$$s(t) = -\sqrt{2P_s}\cos(2\pi f_c t) \qquad (7・4)$$

となる．これより，この信号は振幅 $\sqrt{2P_s}$ が情報に応じて，正負となって伝送される．つまり，振幅に情報をのせて伝送していることになるので，2 値ディジタル振幅変調（**BASK**: binary amplitude shift keying）である．また，$b(t)=-1$ は

$$s(t) = -\sqrt{2P_s}\cos(2\pi f_c t) = \sqrt{2P_s}\cos(2\pi f_c t + \pi)$$

と書くことができるので，位相に情報をのせて伝送していることにもなる．これより，2 値ディジタル位相変調（**BPSK**: binary phase shift keying）でもある．

一般には，BPSK 方式と呼ばれる場合が多い．

〔2〕 受信機

通信路では白色ガウス雑音が加わるものとする．このような通信路を**加法性白色ガウス雑音**（**AWGN**: additive white gaussian noise）**通信路**と呼ぶ．

白色ガウス雑音を $n(t)$ で表すと，受信信号は

$$r(t)=s(t)+n(t) \tag{7・5}$$

となる．

さて，受信信号は受信機のフロントエンド（受信アンプ）で位相シフトされる．ここでは，説明を簡単にするためガウス雑音の影響を無視する（$n(t)=0$）とし，受信機での位相シフトを θ とすると，受信信号は

$$r(t)=b(t)\sqrt{2P_s}\cos(2\pi f_c t+\theta) \tag{7・6}$$

となる．

受信機では，まず，受信信号に搬送波を乗算する．

$$\begin{aligned} r(t)\cos(2\pi f_c t+\theta) &= b(t)\sqrt{2P_s}\cos^2(2\pi f_c t+\theta) \\ &= b(t)\sqrt{2P_s}\left(\frac{1}{2}+\frac{1}{2}\cos 2(2\pi f_c t+\theta)\right) \end{aligned} \tag{7・7}$$

次に，この信号を積分放電（integrate-and-dump）回路に入力する．積分放電回路では，情報波形（ビット）に同期して，T_b 時間毎に放電が行われる．

今，i 番目のデータについて考えると，積分放電回路で T_b 時間毎に得られる出力は，式 (7・7) より

$$\begin{aligned} \hat{b}(iT_b) &= b(iT_b)\sqrt{2P_s}\left(\int_{(i-1)T_b}^{iT_b}\frac{1}{2}\,dt+\int_{(i-1)T_b}^{iT_b}\frac{1}{2}\cos 2(2\pi f_c t+\theta)\,dt\right) \\ &= b(iT_b)\sqrt{\frac{P_s}{2}}T_b \end{aligned} \tag{7・8}$$

となる．

最後にこの出力をある基準値に従い判定する．BPSK 信号の場合，$b(iT_b)$ は $+1$ あるいは -1 となるため，出力は $+\sqrt{P_s/2}\,T_b$ あるいは $-\sqrt{P_s/2}\,T_b$ のいずれかをとる．よって判定基準は 0 であり，この値を基準にデータ判定を行うことで，送信データを得ることができる．

■ 7章　線形ディジタル変調信号の基礎

〔3〕　同期検波と非同期検波

受信機には，大別すると

・同期検波（coherent detection）
・非同期検波（non-coherent detection）

の二つの検波法がある．

同期検波では，受信信号に含まれる搬送波（$\cos(2\pi f_c t+\theta)$）を別の回路で再生し，それを利用して復調が行われる．搬送波を再生する回路を**搬送波再生回路**（carrier recovery circuit）と呼ぶ．

代表的な搬送波再生回路としては，搬送波周波数に一致した線スペクトルを生じさせ，これを共振回路あるいは位相制御ループ PLL（phase locked loop）に入力して搬送波を再生させるものがある．これ以外にも，周波数逓倍による方法，逆変調による方法などがある．

一方，非同期検波では搬送波再生は行わず，直接受信信号を用いて復調が行われる．代表的なものとして遅延検波（differentially coherent detection）がある．

2　線形ディジタル信号のスペクトルはどんな形か

データ波形 $b(t)$ の電力スペクトル密度は

$$G_b(f) = P_s T_b \left(\frac{\sin(\pi f T_b)}{\pi f T_b} \right)^2 \tag{7・9}$$

である．また，BPSK信号の電力スペクトル密度は

$$G_s(f) = \frac{P_s T_b}{2} \left\{ \left[\frac{\sin(\pi(f-f_c)T_b)}{\pi(f-f_c)T_b} \right]^2 + \left[\frac{\sin(\pi(f+f_c)T_b)}{\pi(f+f_c)T_b} \right]^2 \right\} \tag{7・10}$$

となる．

図7・3(a)にデータ波形，同図(b)に BPSK 信号の電力スペクトル密度を示す．

図より，データ波形のスペクトルはメインローブに集中しているものの（90%），それ以外の周波数へも広がっているのが確認できる．このスペクトルの広がりは，無限に広がることから，通常は，データ波形を低域フィルタに通し，スペクトル広がりを抑えてから変調する．しかしながら，このスペクトル抑圧の結果，波形が歪み，結果として隣り合うビット間で重なりが生じる．この重なりのことを**シンボル間干渉**（**ISI**: intersymbol interference）と呼ぶ．シンボル間干渉は受信側

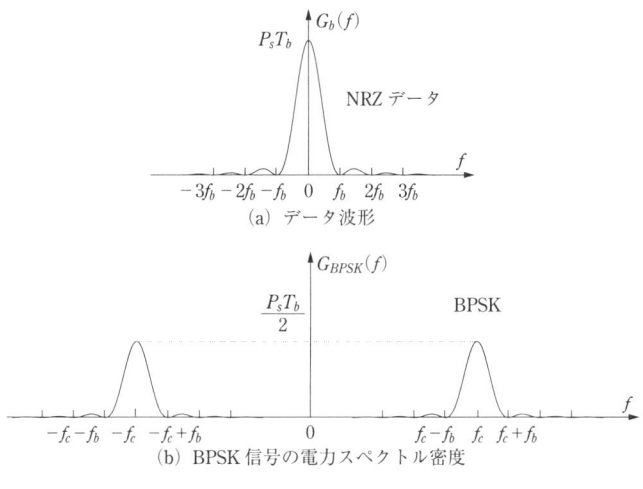

● 図 7・3　データ波形および BPSK 信号の電力スペクトル密度 ●

で等化器 (equalizer) を設けることで，その影響を緩和できる．

BPSK 信号の電力スペクトルは，周波数 f_c を中心にスペクトルが形成される．メインローブでは，帯域幅

$$B = \frac{2}{T_b} = 2f_b \tag{7・11}$$

をもつ．そのピークは，データ波形のそれの 1/2 になる．

3　信号点配置と信号点間距離を理解しよう

ディジタル変調方式では，二つの直交信号で表される二次元空間上の信号点で表わすことができる．ここで，用いる直交信号はそれぞれ次のようになる．

$$u_1(t) = \sqrt{\frac{2}{T_b}} \cos(2\pi f_c t)$$
$$u_2(t) = \sqrt{\frac{2}{T_b}} \sin(2\pi f_c t) \tag{7・12}$$

ここで，$u_1(t)$ は同相成分の基底ベクトルであり，$u_2(t)$ は直交成分の基底ベクトルである．これより BPSK 信号は次のように書くことができる．

$$s(t) = [\sqrt{P_s T_b}\, b(t)] \sqrt{\frac{2}{T_b}} \cos(2\pi f_c t) = \sqrt{P_s T_b}\, b(t) u_1(t) \tag{7・13}$$

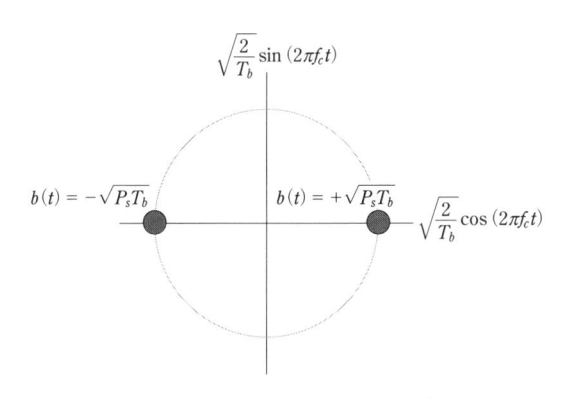

● 図 7・4 BPSK の信号点配置 ●

図 7・4 に BPSK の信号点配置を示す．これより，BPSK の信号点間の距離は，

$$d = 2\sqrt{P_s T_b} = 2\sqrt{E_b} \tag{7・14}$$

となる．これは，図 7・4 で描いた，二つの信号点を通る円の直径であり，また，ビットエネルギー E_b はその半径となる．

4 線形ディジタル変調信号の性能はどのように測るか

〔1〕 信号対雑音電力比

変調信号の信号品質を表す指標としては**信号対雑音電力比**（**SNR**: signal to noise power ratio）が用いられる．この値が大きい程，信号品質が高いことになる．

$$SNR = \frac{P_s}{P_n} \tag{7・15}$$

ここで，P_s は変調信号電力であり，P_n は雑音電力である．単位はデシベル〔dB〕であり，$SNR = 10\log_{10}(P_s/P_n)$〔dB〕となる．

P_s には変調方式の影響が含まれており，それを除いた**搬送波信号電力対雑音電力比**（**CNR**: carrier to noise ratio）〔dB〕も用いられる．さらに，伝送速度や受信機の帯域幅といったパラメータに依存しない C/N_0〔dB〕もある．

$$C/N_0 = \frac{P_s}{P_n/B} = B \cdot SNR \tag{7・16}$$

ここで，N_0 は雑音電力密度，B は帯域幅である．

C/N_0 を変調信号 1 ビットあたりの SNR で表したものが E_b/N_0〔dB〕である．

$$E_b/N_0 = \frac{P_s T_b}{P_n/B} = BT_b \cdot SNR \quad (7 \cdot 17)$$

ここで,T_b はビット継続時間である.E_b/N_0 は1ビットあたりの SNR で比較できるため,広く用いられる指標である.

〔2〕 **誤り率**

誤り率はディジタル通信方式の品質尺度として最も基本的なものである.ここでは,図 7·1 の BPSK 方式の誤り率を導出してみよう.

式 (7·12) の基底ベクトルを用いると,BPSK 信号は式 (7·13) で示されるように振幅 $\sqrt{E_b} = \sqrt{P_s T_b}$ が情報 $b(t)$ に応じて伝送される.さらに,送受信機で搬送波を省略したベースバンドモデルを考え,離散化した信号を考える.すなわち,送信信号 ($s=+\sqrt{E_b}$ もしくは $s=-\sqrt{E_b}$ を出力),通信路雑音 (n),受信信号 ($r=s+n$) を考える.

通信路雑音を**加法性白色ガウス雑音**(AWGN: additive white gaussian noise)とする.この確率密度分布は次式で表される.

$$p(x) = \frac{1}{\sqrt{2\pi\sigma^2}} \exp\left(-\frac{(x-\mu)^2}{2\sigma^2}\right) dx \quad (7 \cdot 18)$$

ここで,μ は平均,σ^2 は分散である.

受信機で判定を誤るのは

(a) 送信信号 $s=+\sqrt{E_b}$ を送っているのに受信機で $\hat{s}=-\sqrt{E_b}$ と判定する場合(雑音の影響で判定基準 0 を超えて負と判定)

あるいは

(b) 送信信号 $s=-\sqrt{E_b}$ を送っているのに受信機で $\hat{s}=+\sqrt{E_b}$ と判定する場合(雑音の影響で判定基準 0 を超えて正と判定)

である.

まず (a) のケースを考える.この場合の誤り率 $P_{e|s=+\sqrt{E_b}}$ は,平均 $+\sqrt{E_b}$,分散 $\sigma^2 = N_0/2$ のガウス雑音の確率密度分布が判定基準 0 以下となる確率である.これより,次式のようになる.

$$P_{e|s=+\sqrt{E_b}} = P(r<0 \mid s=+\sqrt{E_b})$$
$$= \int_{-\infty}^{0} \frac{1}{\sqrt{\pi N_0}} \exp\left(-\frac{(r-\sqrt{E_b})^2}{N_0}\right) dr \quad (7 \cdot 19)$$

同様に (b) のケースでは

$$P_{e|s=-\sqrt{E_b}} = P(r>\gamma \mid s=-\sqrt{E_b})$$
$$= \int_0^\infty \frac{1}{\sqrt{\pi N_0}} \exp\left(-\frac{(r-\sqrt{E_b})^2}{N_0}\right) dr \quad (7\cdot20)$$

となる．以上より，総合の誤り率 P_e は

$$P_e = \frac{1}{2} P_{e|s=+\sqrt{E_b}} + \frac{1}{2} P_{e|s=-\sqrt{E_b}}$$
$$= \int_0^\infty \frac{1}{\sqrt{\pi N_0}} \exp\left(-\frac{(r-\sqrt{E_b})^2}{N_0}\right) dr$$
$$= \frac{1}{2} \mathrm{erfc}\left(\sqrt{\frac{E_b}{N_0}}\right) \quad (7\cdot21)$$

となる．ここで，関数 $\mathrm{erfc}(x)$ は**誤差補関数**と呼ばれ，次式で与えられる．

$$\mathrm{erfc}(x) = \frac{2}{\sqrt{\pi}} \int_x^\infty \exp(-y^2) dy \quad (7\cdot22)$$

図 **7·5** に式 $(7\cdot21)$ で求めた誤り率を示す．ここで描いた E_b/N_0 対 誤り率特性 のグラフは，線形ディジタル変調方式の特性を表すものとして広く用いられる．

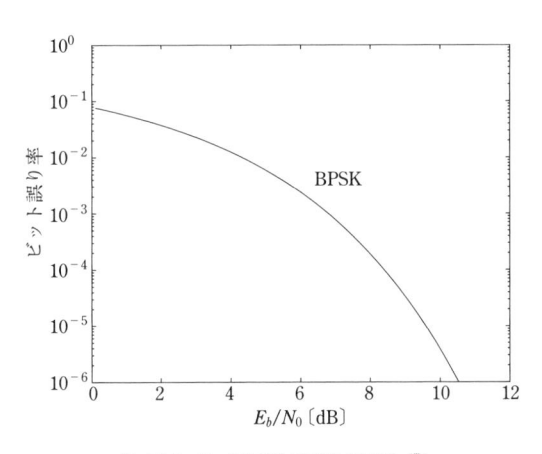

● 図 7・5　BPSK の誤り率特性 ●

各種データ波形

データ波形には，単極性（uni-polar）と双極性（bi-polar）とがあり，電圧レベルの片側のみ（例えば＋のみ）を使うか，正負の両側を使うかで異なる．また，振幅が 0 となる RZ（return to zero）と NRZ（non-return to zero）がある．図 **7·6**

に代表的なパルス波形を示す.

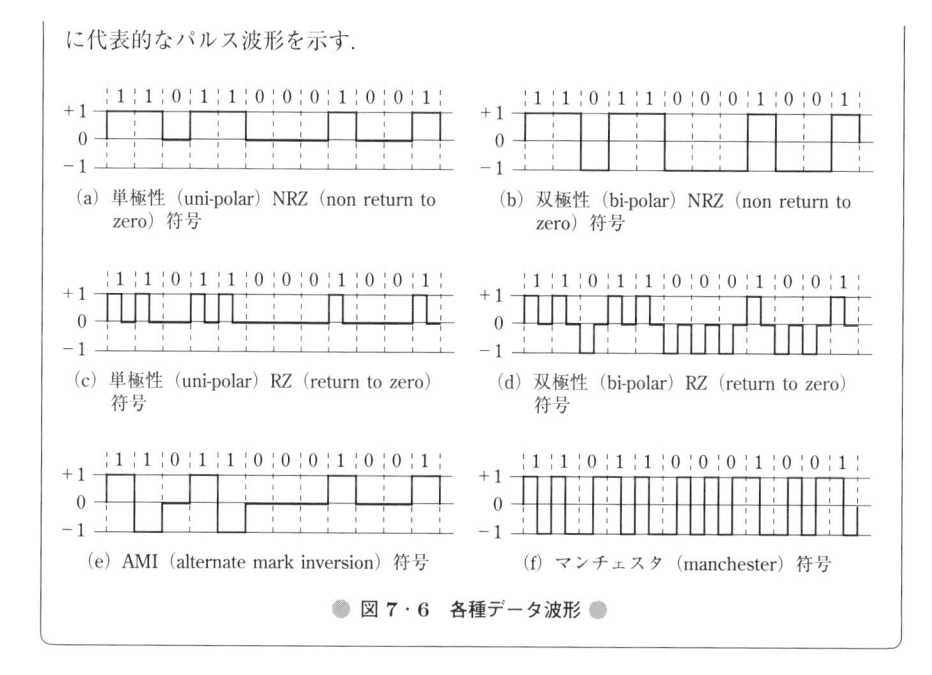

(a) 単極性（uni-polar）NRZ（non return to zero）符号

(b) 双極性（bi-polar）NRZ（non return to zero）符号

(c) 単極性（uni-polar）RZ（return to zero）符号

(d) 双極性（bi-polar）RZ（return to zero）符号

(e) AMI（alternate mark inversion）符号

(f) マンチェスタ（manchester）符号

● 図 7・6　各種データ波形 ●

まとめ

本章では線形ディジタル変調信号の基本について，2値位相変調方式（BPSK）を取り上げて説明した．次章で取り上げる各種線形ディジタル変調方式は，本章で取り上げた BPSK を拡張することで実現できる．また，線形ディジタル変調信号の品質として，SNR，CNR，C/N_0，E_b/N_0，そして最もよく利用される性能指標である誤り率について説明した．

演習問題

問 1　周波数逓倍による BPSK 信号の搬送波再生は次のように行われる．
(1) 受信信号を 2 乗回路で 2 乗し，情報波形 $b(t)$ の位相情報の影響を取り除く．
(2) 次に，dc 成分を取り除くために，中心が $2f_c$ のバンドパスフィルタを通す．
(3) 最後にこの信号を周波数分割回路で周波数を半分におとすことで，搬送波を再生する．

式 (7・6) の受信信号から搬送波が再生できることを示せ．ただし，雑音は無視

($n(t)=0$) してもよい.

問 2 (a) データ波形 $b(t)$ の振幅が $+\sqrt{Ps}$ と $-\sqrt{Ps}$ をとる NRZ 波形のとき,電力スペクトル密度が式 (7·9) となることを示せ.

(b) BPSK 信号 $s(t)$ の電力スペクトル密度が式 (7·10) となることを示せ.

問 3 式 (7·8) に白色雑音の影響を含めた場合を考え,BPSK 信号の SNR が $2E_b/N_0$ となることを示せ.

8 章

各種線形ディジタル変調方式

本章では，各種ディジタル変調方式について学ぶ．具体的には，差動 BPSK，QPSK，オフセット QPSK，$\pi/4$ シフト QPSK，多値 PSK，多値 QAM について説明する．本章の学習目標は，これらに前章で取り上げた BPSK を加えた各種線形ディジタル変調方式の信号点配置図と送受信機モデル図が描けること，それぞれの方式の特徴を説明できること，それぞれの方式の誤り率特性と周波数利用効率を比較して説明できることである．

1 DBPSK : Differential BPSK

差動（Differential）**BPSK**（**DBPSK**）は，搬送波再生回路を必要としない方式である．具体的には，一つ前の信号に含まれる搬送波を利用して，データ復調を行う．こうすることで，搬送波再生回路で生じる誤差の影響を受けない．これは，フェージング通信路など，通信路の状況が時々刻々と変化する場合に有効である．

図 **8·1**(a) に DBPSK の送信機を示す．送信側では，現在のビットとその一つ前の変調ビットとの排他的論理和（exclusive-OR）を取り，その値に対して変調

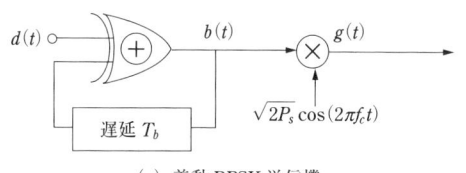

(a) 差動 BPSK 送信機

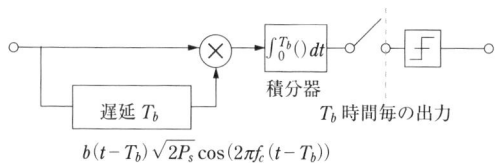

$d(t)$ → ⊕ → $b(t)$ → ⊗ → $g(t)$
遅延 T_b
$\sqrt{2P_s}\cos(2\pi f_c t)$

(b) 差動 BPSK 受信機

→ ⊗ → $\int_0^{T_b}()dt$ 積分器 → T_b 時間毎の出力
遅延 T_b
$b(t-T_b)\sqrt{2P_s}\cos(2\pi f_c(t-T_b))$

● 図 **8·1** DBSPK の送受信機モデル図 ●

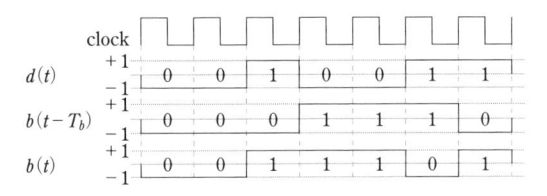

● 図 8・2 DBSPK の入力ビットの関係 ●

が施される．

今，入力ビットを $d(t)$，変調されるビットを $b(t)$，それを T_b だけ遅延したものを $b(t-T_b)$ とすると，それらの関係は**図 8・2** のようになる．

DBPSK の送信信号は次式のようになる．

$$s(t)=b(t)\sqrt{2P_s}\cos(2\pi f_c t) \tag{8・1}$$

式（7・2）と比較すると送信データの生成法が異なるだけで，全く等しいことが確認できる．これより，スペクトルも等しくなる．

図 8・1(b) に DBPSK の受信機を示す．受信機では，搬送波再生は行わず，T_b 時間遅延した受信信号を用いて復調が行われる．これを式で書くと次のようになる．

$$\begin{aligned}e(t)&=b(t)b(t-T_b)2P_s\cos(2\pi f_c t+\theta)\cos(2\pi f_c(t-T_b)+\theta)\\&=b(t)b(t-T_b)P_s\left\{\cos(2\pi f_c T_b)+\cos\left(4\pi f_c\left(t-\frac{T_b}{2}\right)+2\theta\right)\right\}\end{aligned} \tag{8・2}$$

ここで $f_c T_b = n$ となるように選ぶと，$\cos 2\pi f_c T_b = 1$ となり，出力が最大となる．この出力を BPSK と同様に積分放電回路に入力し，図 8・2 の関係を利用して判定することで送信データ $d(t)$ が得られる．

2 QPSK : Quadrature Phase Shift Keying

4値 PSK（**QPSK**: Quadrature PSK）は，1シンボルに2ビットを割り当てて伝送する変調方式である．

図 8・3 にデータ波形を示す．入力データ $d(t)$ は偶数クロックに同期して出力される偶数ビット $b_e(t)$ と奇数ビット $b_o(t)$ とに分割される．これは，直／並列回路（S/P convertor : serial to parallel convertor）で行われる．

さて，図 8・3 より明らかなように，入力データは時間間隔 T_b であるのに対し，分割された偶数ビット，奇数ビットのそれは $T_s = 2T_b$ となる．T_s のことをシンボル間隔という．これより，BPSK と QPSK の入力データレートが等しい場合，

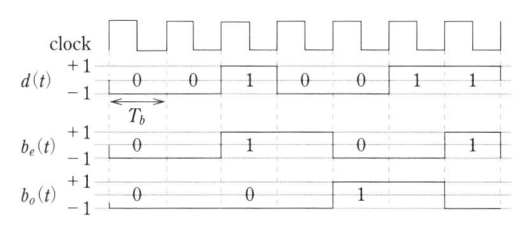

● 図 8・3　QPSK のデータ波形 ●

QPSK は BPSK に比較して，伝送レートが半分になる．これは，帯域が半分になることである．一方，伝送レート（帯域）を等しくした場合，QPSK は BPSK に比べ，データレートを2倍にすることができる．

図 8・4(a) に QPSK 送信機を示す．送信機では，入力データが直／並列回路で偶数ビットと奇数ビットに分けられた後，それぞれ直交する搬送波で変調され，加算され，次式の信号が送信される．

$$s(t) = \sqrt{P_s} b_e(t) \cos(2\pi f_c t) + \sqrt{P_s} b_o(t) \sin(2\pi f_c t) \qquad (8 \cdot 3)$$

図 8・4(b) に QPSK の受信機を示す．受信側では，送信側と同様に二つの搬送

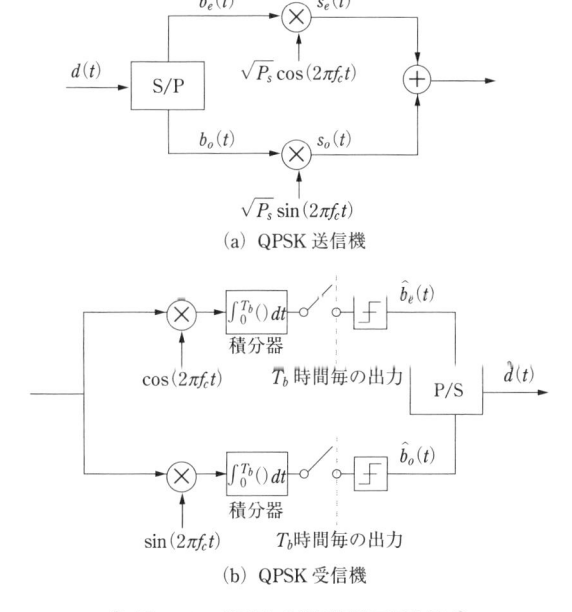

(a) QPSK 送信機

(b) QPSK 受信機

● 図 8・4　QPSK の送受信機モデル図 ●

波をもつ回路から構成される.それぞれの搬送波が互いに直交しているため,それぞれ独立に復調しても問題ない.これより,QPSK 受信機では,偶数ビット,奇数ビットをそれぞれ別の回路で復調し,最後にその結果を並/直列回路で元に戻し,最終的なデータを得る.

ここで,図 8·4(b) の上部ブランチと図 7·1 の BPSK 受信機は同一であることが確認できる.さらに,図 8·4(b) の上部ブランチと下部ブランチを比較すると,両者は搬送波の位相が $\pi/2$ だけ異なるだけである.

3 OQPSK: Offset-QPSK

図 8·5(a) に QPSK の信号遷移を示す.図より明らかなように,QPSK では,例えば,$\{0,1\}$ から $\{0,-1\}$ への遷移があり,このとき,振幅が最も大きく変動する.これは,零点を交差する場合であり,このとき,振幅が大きく変動する.この振幅変動は変調方式としてはあまり好ましくない.

ディジタル変調機の終段には増幅器が用いられ,変調信号はしかるべきパワーを与えられて伝送される.QPSK のように信号振幅が大きく変動するということは,増幅器にもその範囲の線形性が要求される.一般に,線形増幅器は電力効率が悪い.

仮に,QPSK の信号遷移が零点を通らないのであれば,振幅変動は抑えることが可能となり,電力効率の高い非線形増幅器の使用も可能になる.

以上の観点から,QPSK に修正を加え,信号遷移が零点を通らないようにしたものが **Offset QPSK** (**OQPSK**) である.

(a) QPSK の信号遷移

(b) OQPSK の信号遷移

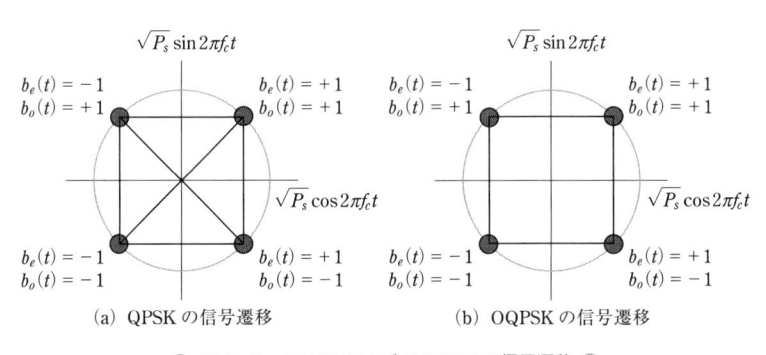

● 図 8·5　QPSK および OQPSK の信号遷移 ●

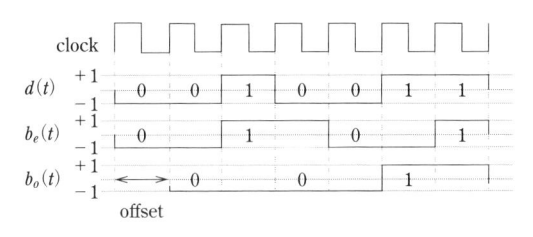

● 図 8・6　OQPSK のデータ波形 ●

　QPSK では，$b_e(t)$ および $b_o(t)$ が $T_s = 2T_b$ のタイミングで同時に変化したのに対し，OQPSK では，図 8・6 に示すように，$b_e(t)$ および $b_o(t)$ が同時に遷移するのではなく，$b_o(t)$ に T_b だけ Offset を与え，データが T_b のタイミングで交互に遷移する．こうすることで，同相，あるいは直交成分のどちらかの変化はないため，信号点の零交差が生じない．

　図 8・5 に QPSK と OQPSK の信号遷移を示す．先に述べたように，OQPSK では，同相あるいは直交成分のいずれかしか変化しない．よって，信号点の零交差が生じない．

4　π/4 シフト QPSK

　π/4 シフト QPSK では，シンボル間隔 T_s ごとに信号点を π/4 シフトさせて送信する．こうすることで，零交差を防いでいる．

　π/4 シフト QPSK も基本的には QPSK であり，送受信機モデルで異なる点は，T_s ごとに π/4 シフトオペレータが送信機の終段および受信機の始めに設けられていることである．

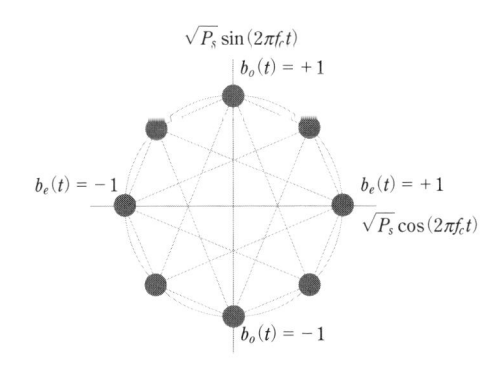

● 図 8・7　π/4 シフト QPSK の信号点配置と信号遷移 ●

5 M-ary PSK (8PSK, 16PSK)

これまで，ディジタル位相変調方式として，2値PSK（BPSK），4値PSK（QPSK）とその修正版（OQPSK, $\pi/4$ シフトQPSK）について述べてきた．これらPSK信号は一般にM値PSK（M-ary PSK）として，次式で表すことができる．

$$s(t)=\sqrt{2P_s}\cos(2\pi f_c t+\phi_m) \quad (m=0,1,\cdots,M-1) \quad (8\cdot 4)$$

ここで，$M=2^n$ は変調多値数を示し，n はシンボルあたりのビットを表す．また，位相角 ϕ_m は次式で与えられる．

$$\phi_m=(2m+1)\frac{\pi}{M} \quad (8\cdot 5)$$

M-ary PSK の信号点間距離は次式で与えられる．

$$d=\sqrt{4E_s\sin^2(\pi/M)}=\sqrt{4NE_b\sin^2(\pi/2^n)} \quad (8\cdot 6)$$

ここで，シンボルエネルギー E_s は

$$E_s=P_s\cdot nT_b=NE_b \quad (8\cdot 7)$$

である．これより，ビット数 n を増やすと信号点間距離が小さくなり，誤りに対して弱くなる．

6 M-ary QAM (16QAM, 64QAM)

QAM[†1] は，同相軸と直交軸のそれぞれに ASK 変調が施される．例えば，16（値）QAM の信号点配置は図 8・8 に示すように，格子状に信号点が配置されることになる．

QAM も図 8・4 で説明した QPSK の構成を拡張することで実現できる．送信機では，入力データが直／並列回路で偶数ビットと奇数ビットに分けられた後，それぞれ直交する搬送波で ASK 変調され，加算される．そして，この信号が送信される．受信機では，送信側と同様に二つの直交する搬送波で独立にデータ判定が行われ，それを並列／直列変換することで最終データが得られる．

[†1] 正確に表現するならば，quadrature amplitude shift keying : QASK と呼ぶべきであろうが，一般には，ASK ではなく AM（本来ならアナログ伝送）を用い quadrature amplitude modulation : QAM と呼ばれる場合が多い．

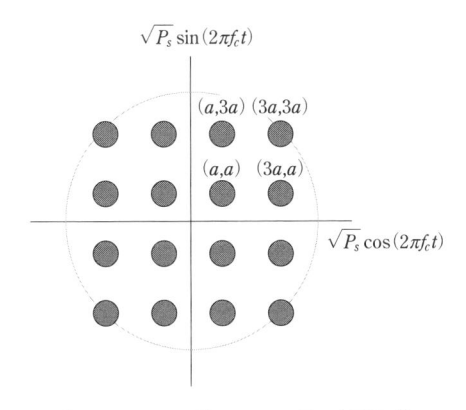

● 図 8・8　16 値 QAM の信号点配置 ●

7　各種線形ディジタル変調方式を比較しよう

　各種ディジタル変調方式の特性を比較する尺度としては，7 章で取り上げた誤り率がある．誤り率としては，送信ビット系列に対する受信ビット系列の誤り率で評価する**ビット誤り率**（BER: bit error rate）が最も基本である．一般にディジタル変調方式の誤り率は送信シンボルあたりの**シンボル誤り率**（SER: Symbol error rate）として導出できるため，シンボル誤り率からビット誤り率への変換が必要になる．

　いま，長さ $n\,(=\log_2 M)$ のビット列を表す M 値のシンボルを伝送するディジタル変調方式を考える．ビット 0 とビット 1 の発生確率がほぼ等しいものとし，あるシンボル中のあるビットに注目する．この場合 2^n-1 の組合せのうち，平均的にはその半分（2^{n-1} 通り）で同じビット値をとり，残りは異なる値をとる．これよりシンボル誤り率とビット誤り率の関係は次式となる．

$$BER \leq \frac{2^{n-1}}{2^n-1} SER \quad \left(\simeq \frac{1}{2} SER, \quad M \gg 1\right) \qquad (8\cdot 8)$$

ここで不等号としている理由は SER をより小さくできるビット割り当て法が存在するからである．

　ビット誤り率と並び，よく利用される評価指標として周波数利用効率がある．周波数利用効率とは，単位周波数帯域，単位時間あたりに送ることができる最大情報量（ビット数）である．**図 8・9** に M 値 QAM および M 値 PSK の周波数利用効率を示す．この図では，誤り率 10^{-5} を達成する場合に得られる周波数利用効率

〔bit/s/Hz〕を示している．変調多値数 M が 4 以上の領域で PSK と QAM を比較すると，QAM の方がよりシャノン限界に近いことがわかる．また，QPSK は BPSK と同じ E_b/N_0 で 2 倍の周波数利用効率を達成している．

さて，図 8・9 のシャノン限界とは，シャノン（Claude E. Shannon, 1916–2001）によって導かれた伝送レートの限界であり，次式で与えられる．

$$C \leq B \log_2 \left(1 + \frac{P_s}{N_0 B}\right) \quad \text{〔bit/s〕} \tag{8・9}$$

ここで，B は帯域幅であり，P_s は平均シンボルエネルギー，N_0 は雑音の電力スペクトル密度である．単位が〔bit/s〕であることに注意されたい．この式より伝送レートを高くするためには変調信号の帯域幅を広くする，あるいは，信号電力を大きくすればよいことがわかる．

この C を帯域幅 B で正規化することで，周波数利用効率に関するシャノン限界を求めることができる．すなわち

$$\frac{C}{B} \leq \log_2 \left(1 + \frac{C}{B}\frac{E_b}{N_0}\right) \quad \text{〔bit/s/Hz〕} \tag{8・10}$$

となる．ここで，式 (8・9) の平均シンボル電力は $P_s = C \cdot E_b$ となる．

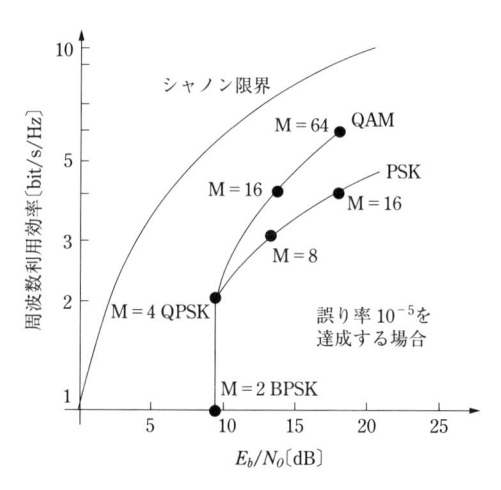

● 図 8・9　M 値 QAM および M 値 PSK の周波数利用効率 ●

ディジタル変調方式とその名称

無線周波数の搬送波は次式で表現される．

$$s(t) = A(t)\cos(2\pi ft + \theta) \qquad (8\cdot11)$$

ここで，A は信号振幅であり，f は周波数，θ は位相を表す．変調とは，この三つの変数のいずれか，あるいは，複数に情報をのせて伝送することをいう．例えば，振幅 A に情報をのせて伝送する変調を**振幅変調**（amplitude modulation: **AM**）と呼び，周波数 f に情報をのせて伝送する変調を**周波数変調**（frequency modulation: **FM**），そして，位相 θ に情報をのせて伝送する変調を**位相変調**（phase modulation: **PM**）と呼ぶ．振幅変調の代表的な例としては，ラジオの AM 放送があり，また，周波数変調の代表的な例としては，ラジオの FM 放送がある．これらの変調方式では，それぞれの変数（振幅，周波数，位相）を，アナログ情報によって変化させる．

一方，ディジタル変調方式では，それぞれの変数をディジタル情報によって変化させる．よって，変数の取りうる値は，離散値として表すことができる．また，この離散値は，2値（Binary）情報をいくつかまとめたシンボルで表す．よって，ディジタル変調方式では，ディジタルを意味する Shift Keying とシンボルを意味する m 値を用いて **m 値振幅**（あるいは**周波数**，**位相**）**Shift Keying** と表す．例えば，8値ディジタル位相変調方式の場合は **8 Phase Shift Keying**(8PSK) となる．

まとめ

本章では，代表的なディジタル変調方式として，DBPSK, QPSK, オフセット QPSK, $\pi/4$ シフト QPSK, 多値 PSK, 多値 QAM について説明した．7 章で取り上げた BPSK を含め，これらのディジタル変調方式は利用する形態や通信路環境に応じて適宜選択される．携帯電話や地上波ディジタル放送そして無線 LAN などでは，ここで取り上げたほぼすべてのディジタル変調方式が 1 台の装置に組み込まれており，通信路環境に応じて切り替わり利用される．皆さんが利用している携帯電話が，今，どのディジタル変調方式で信号伝送をしているのか，想像しながら学習すると理解が深まるだろう．

8章　各種線形ディジタル変調方式

演 習 問 題

問1　2章の式 (2·24) を参考に QPSK 信号を 3 種類の表記で表せ.

問2　QPSK 方式のビット誤り率を求めよ.

問3　M-ary PSK のスペクトルとメインローブ帯域に関し以下の問に答えよ.
(a) M-ary PSK の電力スペクトル密度を求めよ.
(b) M-ary PSK のメインローブ帯域幅を求めよ.

問4　16QAM に関し以下の問に答えよ.
(a) 16QAM 信号の平均エネルギー E_s を求め, 最小信号点間距離が $d=2\sqrt{2E_b/5}$ となることを示せ.
(b) 16QAM の送信信号 $s_{16QAM}(t)$ を求めよ.
(c) 16QAM の送受信機モデルを描き, 動作を説明せよ.

9 章

定包絡線ディジタル変調信号

　前章では,各種線形ディジタル変調方式を紹介し,そのビット誤り率特性や信号点配置を示した.それらの変調方式では,搬送波の急激な位相の変化による周波数帯域の増加や,振幅変動による電力効率の劣化という問題がある.その問題を解決する有名な変調方式として,最小シフトキーイング (MSK: minimum shift keying) がある.これは,信号の振幅が一定である定包絡線変調方式で,また,位相が連続的に変化するため,利用周波数帯域も少ない.この MSK は周波数変調に基づく周波数シフトキーイング (FSK: frequency shift keying) の一種であり,また OQPSK の一種としての側面をもつ.本章では,はじめに FSK について示し,次に MSK について説明する.MSK が大変興味深い変調方式であることを示そう.

1 FSK について学ぼう

　周波数シフトキーイング (**FSK**: frequency shift keying) は周波数変調に基づくディジタル変調方式で非線形変調方式に分類される.FSK では,送信側で複数の周波数の信号を用意し,情報によって送信する信号の周波数を選択する.受信側ではどの周波数の信号が受信されたかを判定することで情報を得る.ここでは,FSK の定義と性能について説明する.

〔1〕 **FSK 信号**

M 値 FSK における変調信号は次式で表現できる.

$$s(t)=\sqrt{2P_s}\sum_{k=-\infty}^{\infty}g(t-kT_s)\cos(2\pi f_k t+\phi_k) \qquad (9\cdot1)$$

P_s は電力,T_s はシンボル長,ϕ_k は位相,$g(t)$ は区間 $[0,T_s]$ で大きさ 1 をもつ矩形パルス波形である.f_k は k 番目のシンボルによって M 個の中から選ばれた周波数である.もし $M=2^m$ であれば,$T_s=mT_b$ である.一般に,この M 個の周波数は等間隔で,$f_k=f_c+n_k\Delta$ と表現できる.ここで,f_c は搬送波周波数,n_k は k 番目のシンボルによって選ばれた整数で,0 から $M-1$ までの間の数字である.また Δ が周波数の間隔である.図 9·1 は 2 値 FSK (Binary FSK: BFSK)

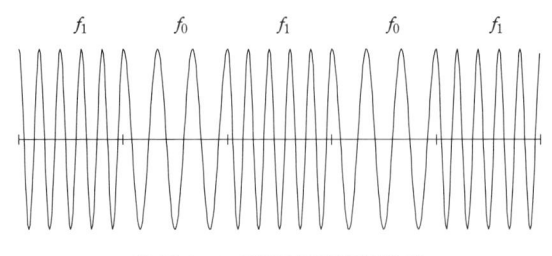

●図 9・1　FSK 変調信号の例●

信号の例である．

〔2〕 **FSK 信号のスペクトルと周波数間隔**

　FSK において問題となるのは，用意すべき周波数の間隔にどのような制限があるかということである．周波数間隔が小さければ，変調信号が少ない周波数帯域をもつことになるが，周波数間隔が小さくなり過ぎると各周波数の信号がお互いに直交せず，お互いの信号が干渉してしまう．そのため，各周波数の信号の直交性を保ったまま，少ない帯域が実現できる周波数間隔であることが望ましい．

　そこで，複数個の正弦波の中のいずれの二つの正弦波も直交するための条件を求めよう．異なる二つの正弦波の相関値は次式で求められる．

$$\int_0^{T_s} \cos(2\pi f_i t + \phi_i)\cos(2\pi f_j t + \phi_j) dt$$
$$\approx \frac{\sin(2\pi(f_i-f_j)T_s)\cos(\phi_i-\phi_j) + (\cos(2\pi(f_i-f_j)T_s)-1)\sin(\phi_i-\phi_j)}{2\pi(f_i-f_j)} \tag{9・2}$$

ここで $f_i + f_j \gg 1$ と仮定した．本式より，$\sin(2\pi(f_i-f_j)T_s) = 0$ かつ $\cos(2\pi(f_i-f_j)T_s) = 1$ であれば ϕ_i, ϕ_j の値に関係なく相関値が 0 となることがわかる．つまり，$f_i - f_j = n/T_s$ が二つの正弦波が直交するための条件となる．

　上式において，さらに $\phi_i = \phi_j \pm n\pi$ という関係が追加された場合を考えよう．このとき，$f_i - f_j = n/(2T_s)$ の場合に上式が 0 となり，これが直交条件となる．この結果から，FSK において，帯域が最も小さくなる望ましい周波数の差 Δ は次のようになる．

$$\Delta = 1/(2T_s) \quad \phi_i = \phi_j \pm n\pi \text{のとき} \tag{9・3}$$

$$\Delta = 1/T_s \quad \phi_i, \phi_j \text{が任意} \tag{9・4}$$

〔3〕 **FSK 信号の復調性能**

FSK 信号から情報を取り出すためには，どの周波数が送信されたかを受信側で判定する必要がある．PSK 信号の復調では基本的に位相情報が必要であるのに対し，FSK の場合は周波数のみを知ればよいため，FSK の復調には，同期復調の他に非同期復調が利用できる．同期復調と非同期復調の性能の差は，ビット誤り率特性に顕著に現れるため，ここで 2 値 FSK を例にして，加法性白色ガウス雑音環境における両者のビット誤り率特性を示そう．

2 値 FSK 信号において，ある時刻に送られたシンボルに着目すると，それは f_0 か f_1 の周波数の信号である．一方の周波数の信号が送信された場合，もう一方の周波数に対応する出力は理想的な状況では 0 になるはずである．

そのため，同期復調の場合，送信された周波数に対応する出力は，振幅を平均としたガウス分布に従い，送信されなかった周波数側の出力は 0 を平均としたガウス分布になる．出力が存在する周波数側の出力の確率密度関数を $p_m(r)$，存在しない側の確率密度関数を $p_s(r)$ とすると次式となる．

$$p_m(r_m) = \frac{1}{\sqrt{\pi N_0}} \exp\left(-\frac{(r_m - \sqrt{E_b})^2}{N_0}\right) \qquad (9 \cdot 5)$$

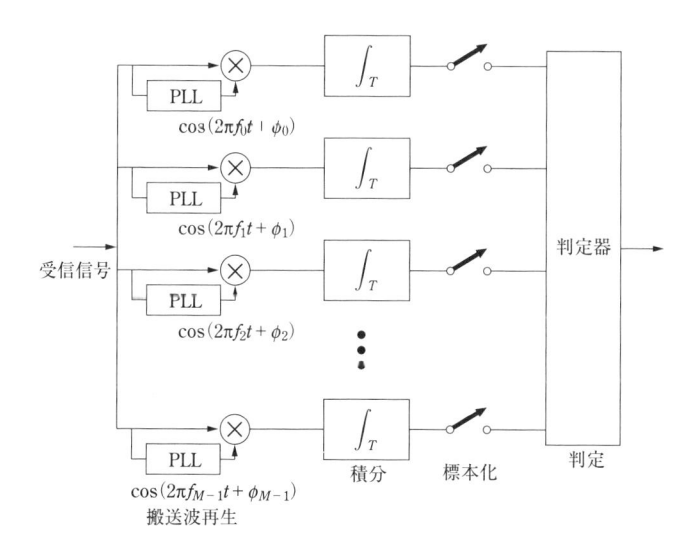

● 図 9・2　FSK 信号の復調（同期復調）●

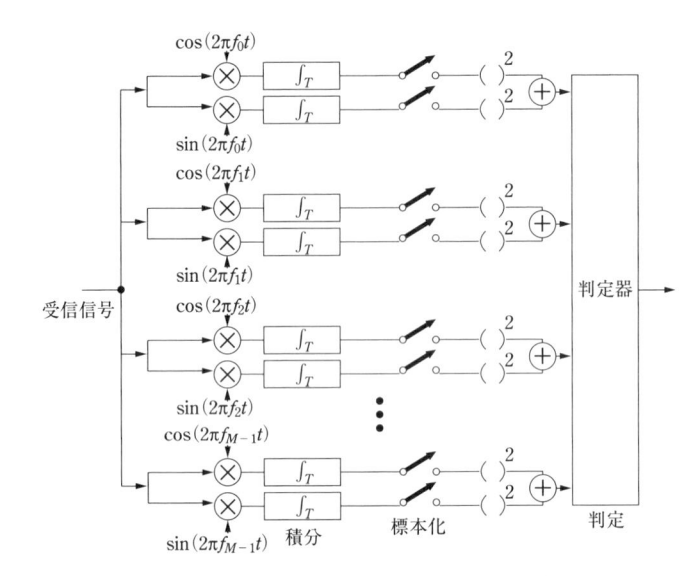

9章 定包絡線ディジタル変調信号

● 図 9・3 FSK 信号の復調（非同期復調） ●

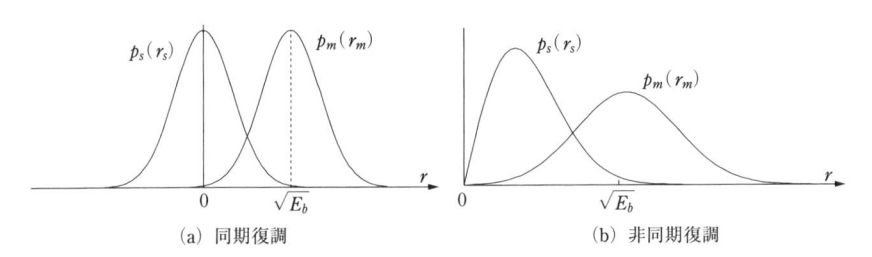

(a) 同期復調

(b) 非同期復調

● 図 9・4 FSK 信号の復調出力値の確率密度関数 ●

$$p_s(r_s) = \frac{1}{\sqrt{\pi N_0}} \exp\left(-\frac{r_s^2}{N_0}\right) \tag{9・6}$$

ここで r_m, r_s はそれぞれの出力値を示す確率変数である（**図9・4**）．ビット誤りが発生する場合とは，$r_s > r_m$ のときであり，その確率は次のようになる（9章演習問題問 2）．

$$P_e = P(r_s > r_m) = \frac{1}{2}\mathrm{erfc}\left(\sqrt{\frac{E_b}{2N_0}}\right) \tag{9・7}$$

非同期復調の場合，送信された周波数に対応する出力はライス分布，送信されなかった周波数側の出力は 0 を平均としたレイリー分布になる．ここでは示さな

いが，この誤り率は次式となることが知られている．

$$P_e = \frac{1}{2}\exp\left(-\frac{E_b}{2N_0}\right) \tag{9・8}$$

なお，FSK信号の復調におけるビット誤り率特性を次節の図9・9に示す．この図より，FSK信号を同期復調したとき，非同期復調したときよりもよい性能が得られることがわかる．

2 MSKとはどんな方法か

〔1〕 位相連続変調方式

PSK信号は情報のシンボルの変化点において位相が急に変化する．FSK信号も，周波数のみが重要で位相が重要なわけではないため，位相の急激な変化があっても構わない．しかし，位相の急激な変化は，利用する周波数帯域の大きな増加を引き起こし，伝送効率の劣化や他信号への干渉などの悪影響を及ぼす．そこで，位相が常に連続であるような変調信号が生成できれば，帯域増加などの影響を抑えることができる．ここでは位相の連続性を維持する変調方式について考えてみよう．

一般的な角度変調を用いた変調信号は，式(5・1)より次のように書くことができる．

$$s(t) = \sqrt{2P_s}\cos(2\pi f_c t + \Theta(t)) \tag{9・9}$$

ここで$\Theta(t)$は時刻tにおける位相である．角度変調では，この位相を情報によって変化させることで情報を伝送する．さて，この$\Theta(t)$が，時間的に連続な関数であれば，変調信号の位相が急激に変化することなく，結果として狭い帯域での伝送が実現できる．このように，位相が連続である変調方式を**位相連続変調方式**（**CPM**: continuous phase modulation）と呼ぶ．

$\Theta(t)$は連続であればよいため，数学的にはいろいろな関数を取ることができる．そのため，CPMには多くの方式が存在することとなるが，ここでは最もシンプルなものを考えよう．-1と$+1$の2元ディジタル情報を考え，$+1$を送信するときは$\Theta(t)$を線形に増加させ，-1を送信するときは$\Theta(t)$を線形に減少させることを考える．このとき，$\Theta(t)$を次式で表現できる．

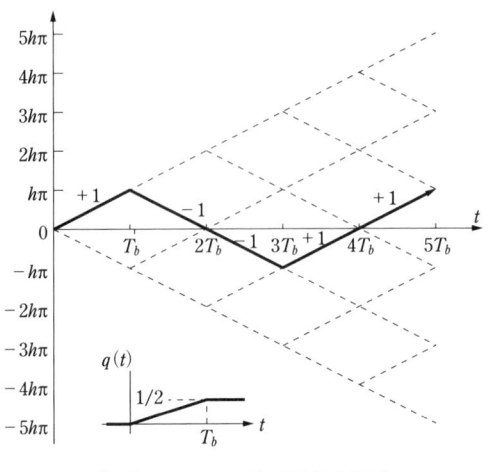

● 図 9・5　CPM における位相 ●

$$\Theta(t) = 2\pi h \sum_{k=-\infty}^{n} a_k q(t-kT_b) = \pi h \sum_{k=-\infty}^{n-1} a_k + 2\pi h a_n q(t-nT_b)$$
$$= \Theta_n + 2\pi h a_n q(t-nT_b) \quad\quad ただし,\ nT_b \leq t \leq (n+1)T_b \quad (9 \cdot 10)$$

ここで a_k は二元ディジタル情報で $a_k = \{+1, -1\}$, $\Theta_n = \pi h \sum_{k=-\infty}^{n-1} a_k$, $q(t)$ は区間 $[0, T_b]$ におけるランプ関数で

$$q(t) = \begin{cases} 0 & t < 0 \\ t/(2T_b) & 0 \leq t \leq T_b \\ 1/2 & t > T_b \end{cases} \quad (9 \cdot 11)$$

である. h は CPM の変調指数と呼ばれるパラメータである. 時刻 $t=0$ で $\Theta(0)=0$ としたときの $\Theta(t)$ を図 9・5 に示す. この図の太線は情報が $+1, -1, -1, +1, +1$ のときの位相の変化のようすである.

〔2〕　最小シフトキーイング（MSK）

最小シフトキーイング（**MSK**: minimum shift keying）は位相連続変調方式の一種であり, いくつもの興味深い性質を有している. ここでは, MSK の定義やその特徴について説明する.

● MSK 信号

MSK 信号の位相は式 (9・10) において, $h=1/2$ とすることで得られ, 次式となる.

2 MSK とはどんな方法か

$$\Theta(t)=\Theta_n+\frac{\pi}{2}\left(\frac{t-nT_b}{T_b}\right)a_n \qquad \text{ただし } nT_b\leq t\leq (n+1)T_b \qquad (9\cdot 12)$$

この式を式 (9・9) に代入して変調信号を求めると次式となる.

$$s(t)=\sqrt{2P_s}\cos\left\{2\pi\left(f_c+\frac{1}{4T_b}a_n\right)t+\Theta_n-\frac{n\pi}{2}a_n\right\} \qquad (9\cdot 13)$$
$$\text{ただし, } nT_b\leq t\leq (n+1)T_b$$

ここで, $f_L=f_c-1/(4T_b)$, $f_U=f_c+1/(4T_b)$ としたとき, 式 (9・13) は次のように与えられる.

$$s(t)=\begin{cases} \sqrt{2P_s}\cos\left(2\pi f_L t+\Theta_n+\dfrac{n\pi}{2}\right) & a_n=-1 \\ \sqrt{2P_s}\cos\left(2\pi f_U t+\Theta_n-\dfrac{n\pi}{2}\right) & a_n=+1 \end{cases} \qquad (9\cdot 14)$$

式 (9・14) より, 変調信号は周波数 f_L か f_U をもつ 2 値 FSK 信号と考えることができる. この二つの周波数の差 Δ は $\Delta=f_U-f_L=1/(2T_b)$ である. 前節で示したように, 2 値 FSK において, お互いの周波数が直交を保つことのできる最小の周波数差は $1/(2T_b)$ であり, このことが, この変調方式が最小シフトキーイングと呼ばれる理由である.

MSK は 2 値 FSK でありながら, OQPSK の一種であるという面白い性質がある. そのことを図 8・6 を参考にしながら示そう. OQPSK のパルス波形が $\sin(\pi t/(2T_b))$ とするとき, 信号は次のように表現される (パルス波形は**図 9・6**).

$$s(t)=\sqrt{2P_s}\left[b_e(t)\sin\left(\frac{\pi t}{2T_b}\right)\right]\cos 2\pi f_c t$$
$$+\sqrt{2P_s}\left[b_o(t)\cos\left(\frac{\pi t}{2T_b}\right)\right]\sin 2\pi f_c t \qquad (9\cdot 15)$$

右辺第 2 項においてパルス波形が $\cos(\pi t/(2T_b))$ となっているのは, OQPSK のためパルス波形 $\sin(\pi t/(2T_b))$ が T_b シフトしているためである. 式 (9・15) は次のように変形できる.

$$s(t)=\sqrt{2P_s}\left[\frac{b_o(t)+b_e(t)}{2}\right]\sin\left\{2\pi\left(f_c+\frac{1}{4T_b}\right)t\right\}$$
$$+\sqrt{2P_s}\left[\frac{b_o(t)-b_e(t)}{2}\right]\sin\left\{2\pi\left(f_c-\frac{1}{4T_b}\right)t\right\} \qquad (9\cdot 16)$$

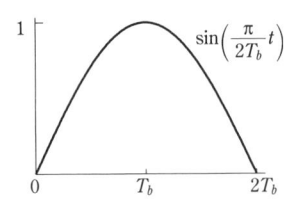

● 図 9・6　MSK 信号を実現するパルス波形 ●

同相成分

(a)

直交成分

(b)

MSK 信号

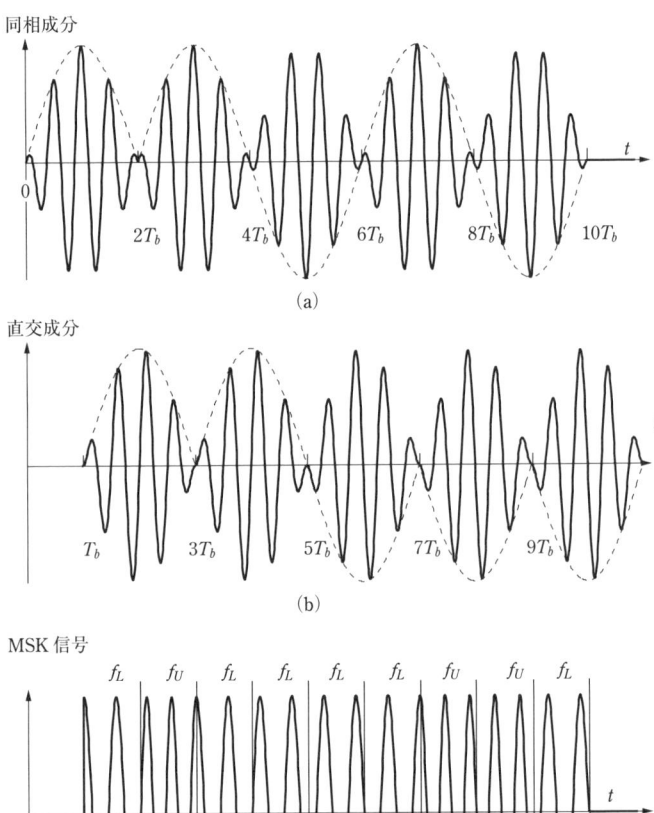

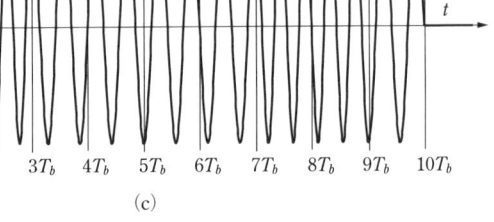

(c)

● 図 9・7　MSK 信号の例 ●

2 MSKとはどんな方法か

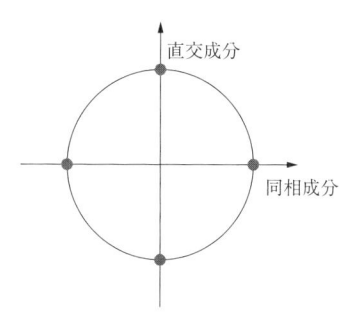

● 図 9・8 MSK 信号の信号点 ●

$b_e(t)$ と $b_o(t)$ は $+1$ か -1 のいずれかの値のため，$b_e(t)=b_o(t)$ のとき式 (9・16) の右辺第 2 項が 0 となり，$b_e(t)=-b_o(t)$ のとき式 (9・16) の右辺第 1 項が 0 となる．つまり，式 (9・16) は次のように表現できる．

$$s(t)=\begin{cases} \pm\sqrt{2P_s}\sin(2\pi f_U t) & b_e(t)=b_o(t) \\ \pm\sqrt{2P_s}\sin(2\pi f_L t) & b_e(t)=-b_o(t) \end{cases} \qquad (9\cdot 17)$$

式 (9・17) は，式 (9・15) が周波数 f_L か f_U をもつ 2 値 FSK 信号として表現できることを意味しており，つまり式 (9・15) が MSK 信号であることを示している．

OQPSK で表現された MSK 信号を図 9・7 に示す．本図 (a) は信号の同相成分，(b) は直交成分，(c) は MSK 信号で (a) と (b) の和として求めたものである．このように MSK 信号は，定包絡線で位相が連続の信号であるようすが見て取れる．変調信号がこのような性質をもつため信号点は図 9・8 に示すように，常に円上に存在する．

● **MSK のビット誤り率**

前述のように MSK 信号は OQPSK としての性質をもつため，MSK 信号を復調する場合に，QPSK 復調と同等の回路を利用することができる．その復調回路を利用すると，MSK 復調におけるビット誤り率が，QPSK 復調のビット誤り率と同じ性能になる．図 9・9 は BPSK，QPSK，MSK，FSK の各変調方式の BER 特性である．FSK におけるビット誤り率特性に対し，MSK のビット誤り率特性が大きく改善しているようすがわかる．

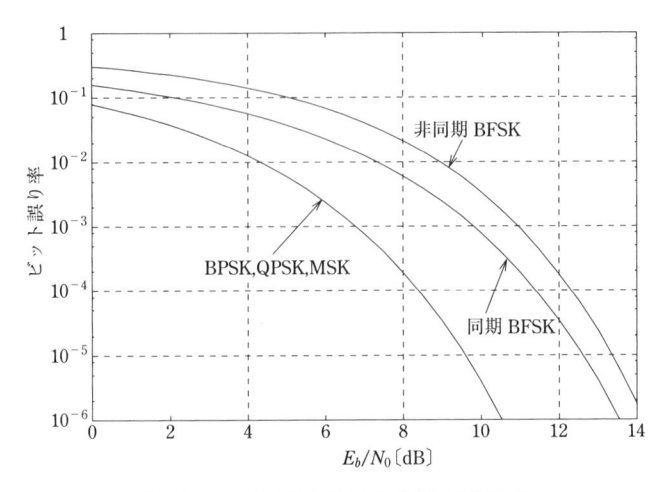

● 図 9・9　各変調方式のビット誤り率特性 ●

● **MSK 信号のスペクトル**

次に，MSK 信号のスペクトルを考えよう．MSK 信号はパルス波形が図 9・6 の OQPSK として考えられ，また同相成分と直交成分の間には相関がないため，6 章例 6・2 より，このパルス波形のエネルギースペクトル密度を求めることで MSK 信号のスペクトルがわかる．スペクトルを導出すると次式のように求まる．

$$S_s(f) = \frac{32 P_s T_b}{\pi^2} \left(\frac{\cos(2\pi f T_b)}{1 - 16 f^2 T_b^2} \right)^2 \quad (9 \cdot 18)$$

ここで，MSK 信号のスペクトルと QPSK (OQPSK) 信号のスペクトルを比較しよう．なお，パルス波形が矩形波である QPSK (OQPSK) のスペクトルは次式である（8 章演習問題問 3 より．$T_s = 2T_b$ であることに注意）．

$$S_{so}(f) = 4 P_s T_b \left(\frac{\sin 2\pi f T_b}{2\pi f T_b} \right)^2 \quad (9 \cdot 19)$$

図 9・10 に，MSK 信号と QPSK (OQPSK) 信号のスペクトルを示す．まず MSK 信号のスペクトルの主帯域は，QPSK 信号の主帯域と比べ，1.5 倍大きいことが読み取れる．つまり，主帯域だけを考えた場合，MSK 信号の伝送には，QPSK よりも大きな帯域が必要であることがいえる．

一方，主帯域の外の帯域を見たとき，QPSK 信号の電力スペクトルは大きく減少していないの対して，MSK 信号では急激に減少していることがわかる．利用

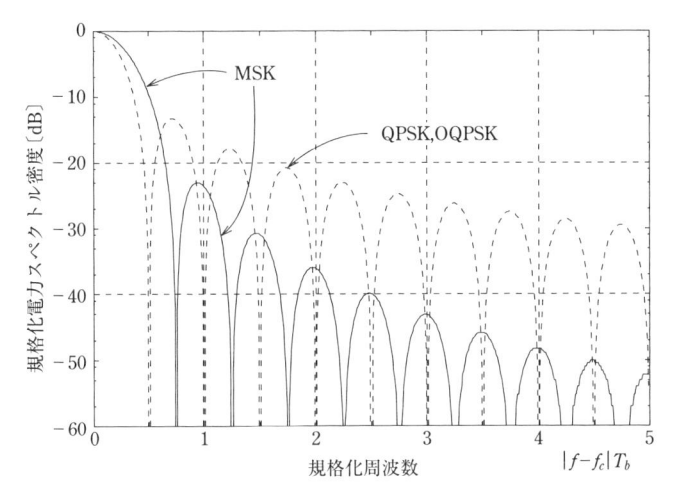

図 9・10 MSK 信号と QPSK, OPQSK 信号のスペクトル

帯域の外の帯域にもれている電力は**帯域外放射**された電力と呼ばれ，他の帯域を利用している信号への干渉として悪影響を及ぼす．MSK は QPSK と比べ，ほとんどの電力が主帯域に集中しており，帯域外放射が少なく，他帯域への干渉の少ない変調方式であるといえる．

まとめ

本章では，周波数変調に基づく FSK，ならびに定包絡で位相連続を実現する MSK について学習した．MSK は FSK と OQPSK の二つの側面をもち，例えば MSK 復調には QPSK 復調と等価の回路を利用できるなど，興味深い特徴をいくつももつ．この MSK の利点から，MSK あるいはその派生である GMSK などといった変調方式がさまざまなシステムで用いられている．

演習問題

問 1 FSK 信号の同期復調と非同期復調の利点と欠点を考えよ．
問 2 FSK 信号を同期復調したとき，ビット誤り率特性が式 (9・7) となることを示せ．
問 3 MSK 信号の電力密度スペクトルが式 (9・18) になることを示せ．

10 章

OFDM 通信方式

本章では，直交周波数分割多重通信方式（OFDM: orthogonal frequency division multiplexing）の基本について学ぶ．具体的には，単一キャリアを用いた広帯域伝送方式と狭帯域サブキャリアを用いたマルチキャリア伝送方式の違いについて説明する．次に，マルチキャリア方式である多周波変調方式について説明し，これをもとに OFDM 通信方式の原理と高速フーリエ変換（FFT/IFFT）を用いることにより，簡易に OFDM 変復調操作が実現できることを説明する．本章の学習目標は，マルチパス通信路下で OFDM 通信方式が簡易な復調方式で優れた誤り率特性が得られることを理解することである．

1 OFDM 通信方式とは

OFDM 通信方式は，古くは多重搬送波通信方式あるいは多周波変調方式と呼ばれ，有線通信および無線通信の分野で実用化された実績をもつ．その当時は，ディジタル信号処理技術が未発達であったため，変復調器は主にアナログ素子を用いて実現されていた．近年，OFDM 通信方式が特に注目されている理由としては，FFT/IFFT 等のディジタル信号処理技術の飛躍的な発展によるところが大きい．

OFDM 通信方式は，直交周波数分割多重方式と呼ばれる通り，多重化方式の一種であり，周波数分割多重（FDM）方式の一形態と位置付けられる．**図 10·1** に，FDM と OFDM 方式の周波数スペクト上の違いについて示す．FDM 方式では，サブキャリア間にガードバンドを設けて互いに隣接チャネル干渉が起こらな

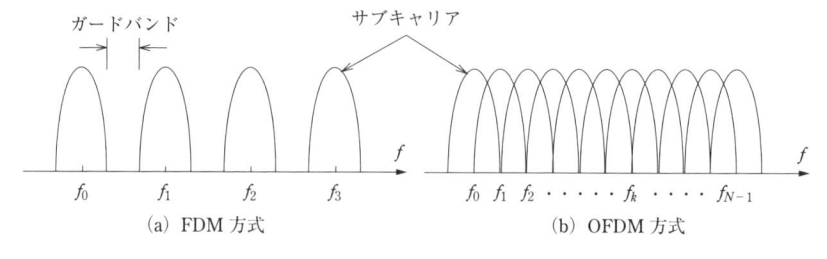

(a) FDM 方式　f_0　f_1　f_2　f_3

(b) OFDM 方式　f_0　f_1　f_2　$\cdots$　f_k　$\cdots$　f_{N-1}

● 図 10·1　周波数スペクトルから見た FDM 方式と OFDM 方式の違い ●

いように配置する．OFDM 方式は，複数のサブキャリアを互いに直交関係となるように配置することにより，チャネル間干渉なしにサブキャリアを密に配置することができ，一般的な FDM 方式と比較して周波数の有効利用に優れている．

2　広帯域伝送とマルチキャリア伝送方式の違いについて知ろう

本節では，広帯域伝送方式と複数の狭帯域サブキャリアを用いたマルチキャリア伝送方式の伝送路歪みに対する耐性の違いについて説明する．

〔1〕　遅延波に対する耐性

複数の遅延波が問題となるマルチパスフェージング環境下においては，図 10・2 に示すように，狭帯域サブキャリア伝送は広帯域伝送の場合と比較してシンボル間干渉の影響が小さい．これは，狭帯域サブキャリア伝送の場合は，シンボル時間間隔が長くなるために，シンボル時間間隔が短い広帯域伝送方式と比べて遅延波による影響が相対的に小さくなるためである．

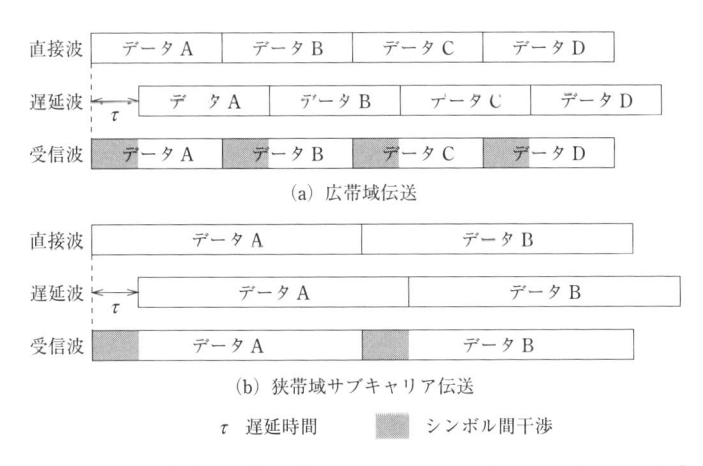

●　図 10・2　広帯域伝送と狭帯域サブキャリア伝送方式における遅延波の影響　●

〔2〕　伝送路歪みに対する耐性

図 10・3 に，単一キャリアを用いた広帯域伝送と複数の狭帯域サブキャリアを用いたマルチキャリア伝送方式の伝送路歪みに対する耐性について示す．図より，与えられた周波数帯域幅で同じ伝送速度を実現する場合には，複数の狭帯域サブキャリアを FDM で多重化して伝送する場合の方が，1 波で広帯域伝送する場合

10章 OFDM通信方式

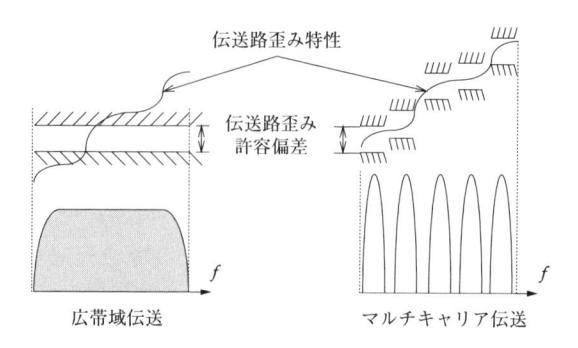

● 図 10・3 広帯域伝送とマルチキャリア伝送における伝送路歪みの影響 ●

と比べて伝送路歪みに対する耐性が改善できることがわかる．

OFDM通信方式は，複数の狭帯域サブキャリアを密に多重化するものであり，上記の二つの特徴を効果的に利用した方式といえる．

3 多周波変調方式から OFDM 通信方式の原理について学ぼう

本節では，OFDM通信方式の原理について，従来から知られているアナログ素子を用いた多周波変調方式の場合と比較しながら説明する．

〔1〕 **送信機の構成**

図 10・4 に，多周波変調方式の送信機の構成を示す．送信機では，N 個の入力データ情報 A_n $(n=0,1,2\cdots,N-1)$ は，一定の周波数間隔 Δf $(=f_k-f_{k-1})$ をもつ発信機により独立に変調される．変調された N 個の信号波は，合成され次式に

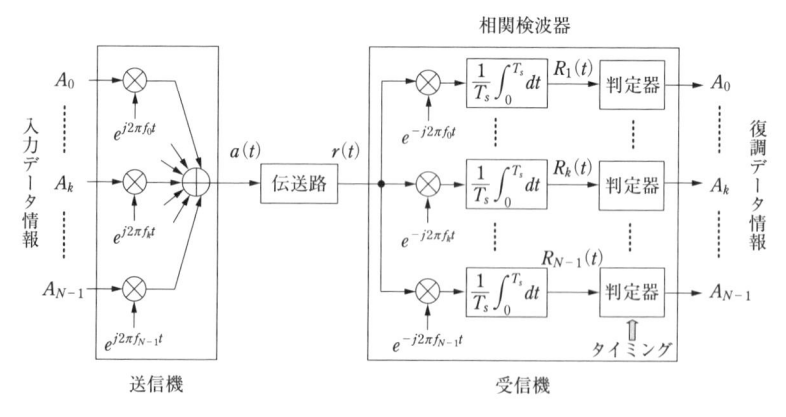

● 図 10・4 多周波変調方式の送信機と受信機の構成 ●

示す信号として送信される.

$$a(t)=\sum_{n=0}^{N-1} A_n \cdot h(t-T_s) \cdot e^{j2\pi f_n t} \qquad 0 \leq t \leq T_s \tag{10・1}$$

ただし,$a(t)$ は等価低域系表現による送信信号,$h(t)$ は次式に示すデータシンボル時間間隔 T_s の矩形パルスとする.

$$h(t)=\begin{cases} 1, & 0<t \leq T_s \\ 0, & t \leq 0, \quad t>T_s \end{cases} \tag{10・2}$$

〔2〕 **受信機の構成**

図 10・4 に示す相関検波器を用いた受信機では,式 (10・1) の送信信号が伝送路を通過して $r(t)$ として受信される.ここで,k 番目の送信情報データを復調する場合には,送信側の搬送波周波数 f_k を用いて同期検波し,検波された信号はデータシンボル時間 T_s にわたって積分される.

この時の積分器出力は次式によって与えられる.ただし,伝送路は理想として $r(t)=a(t)$ とする.

$$\begin{aligned} R_k(T_s) &= \frac{1}{T_s} \int_0^{T_s} r(t) \cdot e^{-j2\pi f_k t} dt \\ &= \sum_{n=0}^{N-1} A_n \cdot \frac{\sin\{\pi(n-k)\Delta f \cdot T_s\}}{\pi(n-k)\Delta f \cdot T_s} \end{aligned} \tag{10・3}$$

式 (10・3) より,積分器出力は N 個のサブキャリア成分の Sinc 関数和として与えられていることがわかる.ここで,周波数間隔 Δf とシンボル時間間隔 T_s の積が整数 (m) の場合には,式 (10・3) は Sinc 関数の特徴より $n=k$ のみで値をもち,k 番目の情報データは次式のように復調可能となる

$$R_k(T_S)=A_k \tag{10・4}$$

一方,$\Delta f \cdot T_S \neq m$(整数)の場合には,$k$ 番目の復調情報データの中にすべてのサブキャリアからの干渉雑音が含まれることになる.$\Delta f \cdot T_S = m$(整数)の関係は,すべてのサブキャリアが互いに直交関係を有し,チャネル干渉なしに復調可能となる条件となる.この中で,最小の周波数間隔である $m=1$ の場合を特にOFDM 信号と定義するのが一般的である.

4 IFFT と FFT を用いた OFDM 変復調操作について学ぼう

本節では，多周波変調方式の変復調操作をディジタル信号処理技術である IFFT と FFT を用いて簡易に実現可能となることを説明する．

[1] IFFT を用いた OFDM 方式の変調操作

式 (10·1) に示した多周波変調信号は，連続的な時間軸信号として表現されている．ここで，次式に示すように，連続的な時間 t を Δt 間隔の N ポイントの離散時間として表現する．

$$t \triangleq k \cdot \frac{T_s}{N} = k \cdot \Delta t \qquad (k=0,1,2\cdots,N-1) \qquad (10\cdot5)$$

また，各サブキャリアの中心周波数は周波数間隔を Δf とすると，n 番目のサブキャリアの周波数は次式によって表される．

$$f_n \triangleq n \cdot \Delta f \qquad (n=0,1,2\cdots,N-1) \qquad (10\cdot6)$$

式 (10·5), (10·6) の関係を式 (10·1) に代入すると，次式に示すように変調信号は離散的な時間軸信号として表現することができる．

$$a(k \cdot \Delta t) = a_k = \sum_{n=0}^{N-1} A_n \cdot e^{j2\pi n \Delta f_k \Delta t} \qquad (k=0,1,2\cdots,N-1) \qquad (10\cdot7)$$

一方，OFDM 信号となるための条件である $\Delta f \cdot T_s = 1$ と $N \cdot \Delta t = T_s$ の関係を用いると $\Delta f \cdot \Delta t = 1/N$ の関係が成立する．これらの関係より，式 (10·7) は次式によって表される．

$$a_k = \sum_{n=0}^{N-1} A_n \cdot e^{j\frac{2\pi nk}{N}} \qquad (k=0,1,2\cdots,N-1) \qquad (10\cdot8)$$

ここで，式 (10·8) 左辺の時間軸上の信号 a_k は，入力データ情報 A_n を周波数軸上のデータと考えると，逆離散フーリエ変換（IDFT）により得られていることがわかる．また，ポイント数 N が 2 のべき乗の場合には，高速演算処理ができる IFFT の利用が可能となる．OFDM 通信方式では，信号処理時間の短縮を目的として，ポイント数 N を 2 のべき乗に設定するのが一般的である．一方，入力データ情報 A_n は，次式に示すように複素数で表現することができる．

$$A_n = X_n + j \cdot Y_n \qquad (ただし j は虚数を示す) \qquad (10\cdot9)$$

式 (10·9) は変調信号点の一般形であることから，OFDM方式の各サブキャリアの変調方式はいかなる方式に対しても対応可能となる．

〔2〕 **FFTを用いたOFDM方式の復調操作**

送信信号である式 (10·8) の時間軸信号は，受信機側でFFT処理すると次式に示すように周波数軸上の n 番目の情報データとして復調することができる．

$$A_n = \frac{1}{N}\sum_{k=0}^{N-1} a_k \cdot e^{-j\frac{2\pi nk}{N}} \quad (n=0,1,2\cdots,N-1) \qquad (10\cdot10)$$

OFDM通信方式では，送信側では N 個の周波数軸上の情報データをIFFT処理することにより一括して変調操作ができ，受信側では N 個の時間軸上の受信データをFFT処理することにより一括して復調操作ができる．これにより，OFDM通信方式は，簡易な変復調操作で実現できることがわかる．

5 ガードインターバルの役割について知ろう

本節では，OFDM通信方式をマルチパスフェージング環境下で運用する場合に重要な役割を果たすガードインターバル（GI）について説明する．

〔1〕 **ガードインターバルの作成法**

GIとは，OFDM信号の有する周期性の特徴を利用したものであり，時間軸OFDM信号の最後尾の一部をコピーしてシンボルの先頭に付加することで実現できる．図 10·5 に，式 (10·8) で作成された時間軸信号へのGIの付加法について示す．GIが付加された信号は，周期性を維持しながら時間間隔を長くした信号といえる．これにより，遅延波の遅延時間がGI長以内であれば，サブキャリア

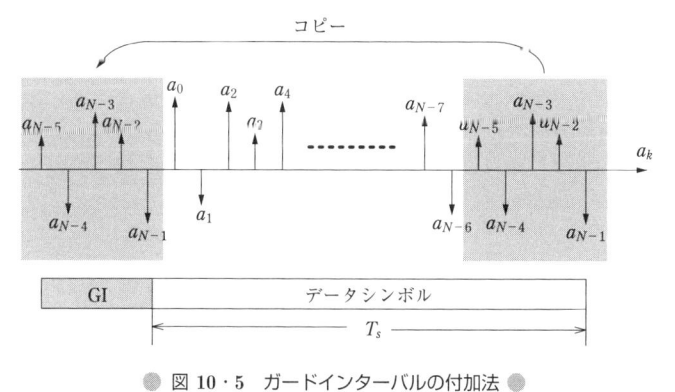

● 図 10·5 ガードインターバルの付加法 ●

間の直交関係を維持することができ，チャネル間干渉なしに復調可能となる．ただし，GI 長は伝送路で発生する最大の遅延時間より長く設定する必要がある．

〔2〕 ガードインターバルの役割

図 10·6 に，OFDM 通信方式の送受信機構成を示す．図 10·7 には，2 波の遅延波が存在するマルチパスフェージング回線を通過した OFDM 信号の受信状態の例を示す．

遅延波数が 2 波のマルチパスフェージング回線の時間軸上のインパルス応答は，次式によって表される．

$$h_k = \rho_0 e^{j\theta_0} \cdot \delta(k) + \rho_1 e^{j\theta_1} \cdot \delta(k-\tau) \qquad (k=0,1,2\cdots,N-1) \qquad (10\cdot11)$$

ここで，ρ と θ は遅延波の振幅と位相，$\delta(\ )$ はデルタ関数を示す．図 10·7 では，遅延波 1 の先頭でシンボル同期が確立された場合を示し，遅延波 2 は遅延波 1 に対して相対遅延 τ だけ遅れている場合を示す．受信側では，シンボル同期が

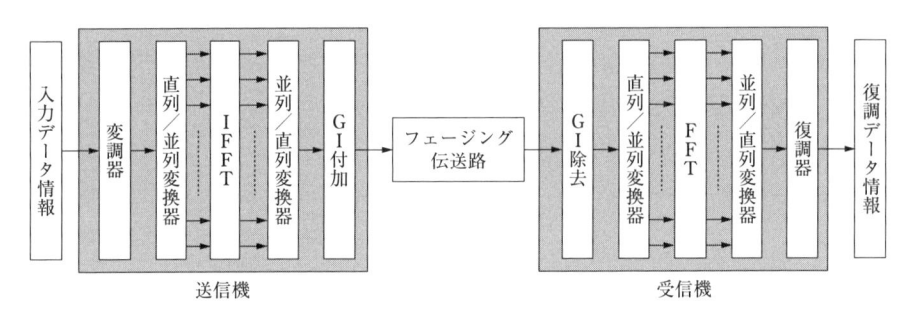

● 図 10·6　OFDM 送受信機の構成 ●

● 図 10·7　マルチパス環境下における GI の役割 ●

確立した時点から送信側で付加された GI が除去される．したがって，遅延波 1 は GI を除いたデータシンボル区間と，遅延波 2 は GI の途中からシンボル時間長分 T_s の 2 波の合成波が受信波となる．2 波の遅延波が合成された受信信号は，式 (10・8) と式 (10・11) の畳込み演算により次式で表される．

$$\begin{aligned} r_k &= a_k \otimes h_k \\ &= \rho_0 e^{j\theta_0} \sum_{n=0}^{N-1} A_n \cdot e^{j\frac{2\pi nk}{N}} + \rho_1 e^{j\theta_1} \sum_{n=0}^{N-1} A_n \cdot e^{j\frac{2\pi n(k-\tau)}{N}} \end{aligned} \quad (10\cdot12)$$

式 (10・12) の時間軸信号は，FFT 処理されることにより復調操作が行われ，次式に示す周波数軸信号となる．

$$\begin{aligned} R_n &= \sum_{k=0}^{N-1} r_k \cdot e^{-j\frac{2\pi nk}{N}} \\ &= A_n \cdot (\rho_0 e^{j\theta_0} + \rho_1 e^{j\theta_1} \cdot e^{-j\frac{2\pi n\tau}{N}}) \\ &= A_n \cdot H_n \quad (n=0,1,2\cdots,N-1) \end{aligned} \quad (10\cdot13)$$

ここで，H_n は n 番目のサブキャリアにおける周波数軸上の伝送路特性を示す．OFDM 方式は，送信側で GI を付加することにより，マルチパスフェージング環境下においても周波数軸上の信号にはシンボル間干渉が発生せず，サブキャリア間の直交性が維持できていることがわかる．ただし，復調データは振幅と位相の伝送路歪みの影響を受けており，このままでは信号品質は大幅に劣化する．

6 フェージング環境下における OFDM 方式の復調法ついて学ぼう

本節では，OFDM 信号の復調方式である遅延検波方式と周波数軸等化方式を用いた同期検波方式について説明する．これにより，マルチパスフェージング環境下において，簡易な復調操作で優れた誤り率特性が達成できることを示す．

[1] 遅延検波方式

サブキャリアの変調方式として位相に情報をのせて伝送する PSK 方式を利用する場合には，連続する 2 シンボル間で遅延検波を行うことにより，伝送路歪みを補償することができる．例えば，L 番目と $(L+1)$ 番目の連続する 2 シンボルにおける n 番目のサブキャリアの FFT 後の信号はそれぞれ次式によって表される．

$$\begin{aligned} R_{L,n} &= A_{L,n} \cdot H_{L,n} \\ R_{L+1,n} &= A_{L+1,n} \cdot H_{L+1,n} \end{aligned} \quad (n=0,1,2\cdots,N-1) \quad (10\cdot14)$$

ここで，伝送路特性の2シンボルにわたる変動は無視できるものと仮定すると，$H_{L,n}=H_{L+1,n}$ が成立する．n 番目のサブキャリアに対するこれらの連続した2シンボル間の遅延検波出力信号は，次式によって表される．

$$D_{L,n}=R_{L,n}^{*}\cdot R_{L+1,n}$$
$$=|H_{L,n}|^2\cdot |A_{L,n}|\cdot |A_{L+1,n}|e^{j(\phi_{L+1,n}-\phi_{L,n})} \quad (n=0,1,2\cdots,N-1)$$
(10・15)

ただし，$*$ は複素共役を示し，$|A_{L,n}|$ は PSK 信号の振幅値であり一定値となる．$\phi_{L,n}$ は送信側で差動符号化された位相情報を示す．式 (10・15) より，遅延検波された位相差情報 $(\phi_{L+1,n}-\phi_{L,n})$ は，マルチパスフェージング回線で発生する位相歪みの影響を受けていないことがわかる．これにより，送信側で差動符号化された $(L+1)$ 番目の n 番目のサブキャリアの情報データを精度よく復調可能となる．

〔2〕 周波数軸等化を用いた同期検波方式

高速度データ伝送を達成するためには，振幅成分にも情報をのせる QAM 方式が採用される．この場合には，変調信号の振幅成分にも情報が含まれていることから，PSK 方式で可能であった遅延検波方式を採用することができない．QAM などの多値変調方式を採用する場合には，周波数軸等化を用いた同期検波方式が利用される．周波数軸等化に際しては，マルチパスフェージング環境下における伝送路特性を推定する必要がある．伝送路特性の推定は，パイロットキャリアで構成されるプリアンブルシンボルを利用するのが一般的である．プリアンブルシンボルは，各フレームの先頭で送信され，受信側において既知であることから，n 番目のサブキャリアの伝送路特性は次式によって推定可能となる．

$$\hat{H}_n=A_{1,n}\cdot H_{1,n}/A_{1,n} \quad (n=1,2,3\cdots,N-1) \quad (10・16)$$

推定された伝送路特性を利用して，L 番目のデータシンボルは次式によって周波数軸等化され，伝送路特性の影響を補償した同期検波が可能となる．

$$\hat{A}_{L,n}=A_{L,n}\cdot H_{L,n}/\hat{H}_n\approx A_{L,n} \quad (n=1,2,3\cdots,N-1) \quad (10・17)$$

フレーム先頭のプリアンブルシンボルを用いて推定された伝送路特性は，フレーム最後のデータシンボルの周波数軸等化に利用される．したがって，1フレーム内で伝送路特性は変化しないという条件が必要となる．伝送路特性が，端末の移動等に起因して時間的に変動する場合には，周期的にパイロット信号をデータシンボルに挿入し，これらを利用した逐次的な伝送路推定が必要となる．

プリアンブルシンボルを用いた伝送路特性推定は，大きな遅延時間を含むマルチパスフェージング環境下においても，遅延時間が GI 長以内であれば高精度な推定が可能となる．OFDM 通信方式は，周波数軸等化を用いることにより，マルチパスフェージング回線下においても優れた誤り率特性が達成可能となる．

7 OFDM 通信方式が利用されている通信システムについて知ろう

OFDM 通信方式は，簡易なディジタル信号処理技術により変復調器を実現でき，周波数の有効利用に優れており，伝送路歪みに大きな耐性があることから，これまでに多くの通信システムで実用化されている．有線通信の分野では，電話回線を用いた ADSL (asynchronous digital subscriber line)，電力線を用いた電力線通信（PLC: power line communication）の通信方式として利用されている．無線通信の分野では，地上波デジタル TV（ISDB-T: integrated services digital broadcasting for terrestrial），IEEE802 系の無線 LAN，第 3.9 世代移動通信システム（LTE: long term evolution），ブロードバンドインターネット専用衛星（IPSTAR）等に利用されている．また，次世代の各種無線通信システムの有望な伝送方式としても数多く検討されている．

まとめ

本章では，複数の狭帯域サブキャリアを周波数軸上で多重化する OFDM 通信方式の原理について学んだ．また，OFDM 通信方式の変復調操作は IFFT/FFT を用いることにより簡易に実現できることを学んだ．OFDM 通信方式は，GI の採用により複数の遅延波が存在する回線下においても，サブキャリア間の直交性を維持することができる．これにより，OFDM 通信方式はマルチパスフェージング回線下においても，遅延検波あるいは周波数軸等化を用いた同期検波方式により，優れた誤り率特性が得られることを学んだ．

演習問題

問 1 式 (10·3) を用いて，$n=1$ のサブキャリアを復調する際の積分器出力特性を $0 \leq t \leq T_s$ の範囲で図示せよ．ただし，$\Delta f \cdot T_s = 1$ とする．また，そのときの $n=0,2,3$ の積分器出力特性もあわせて図示せよ．これらより，$n=1$ の復調結果にはチャネ

ル間干渉が発生していないことを確認せよ.

問2 送信信号を $a(t)$, 伝送路のインパルス応答特性を $h(t)$ としたときの時間軸上の受信信号 $r(t)$ を示せ.また,これらの関係を周波数軸上の信号を用いて示せ.これらの結果より,OFDM 通信方式の周波数軸等化について考察せよ.

問3 式 (10·10) の関係が成立することを示せ.

問4 周波数帯域幅 5.12 MHz,サブキャリア数 128,変調方式 16 値 QAM で OFDM 方式を設計する場合,以下の設問に答えよ.ただし,GI 長は $3\,\mu\mathrm{s}$ とする.

(1) OFDM 信号の周波数間隔 Δf〔kHz〕を求めよ
(2) OFDM のシンボル時間間隔 T_s〔μs〕を求めよ
(3) OFDM1 シンボルで送信できる情報ビット数を求めよ.
(4) OFDM 方式の情報伝送速度〔Mbit/s〕を求めよ.

11 章

スペクトル拡散

　本章では，携帯電話でも用いられている技術であるスペクトル拡散について学ぶ．スペクトル拡散の種類やそれぞれの仕組み，またスペクトル拡散に用いられる符号について理解する．さらに，スペクトル拡散のビット誤り率特性を求め，大きな特徴の一つである「graceful degradation（緩やかな品質劣化）」についても理解する．

1　スペクトル拡散とは

　スペクトル拡散（**SS**: spread spectrum）は，情報伝送に必要な帯域よりもはるかに広い帯域幅を用いて通信を行う方式である．広帯域でかつ電力スペクトル密度を小さくすることで，スペクトル拡散は干渉を与えたり受けたりすることが少ない（低与干渉性，耐干渉性），マルチパスによる劣化に強いといった特徴がある．また，広帯域な信号を用いるために分解能が高く，通信以外にも距離測定に利用できる．

　スペクトル拡散はもともと軍事用として発展してきたが，現在では移動体通信においてスペクトル拡散の一応用形態である**符号分割多元接続**（CDMA: code division multiple access）が採用されているように，民生用としても広く普及している．

2　スペクトル拡散の種類を学ぼう

　スペクトル拡散の種類として，**直接拡散**（DS: Direct Sequence）**方式**，**周波数ホッピング**（FH: frequency hopping）**方式**，**時間ホッピング**（TH: time hopping）**方式**や DS 方式と FH 方式を組み合わせた**ハイブリッド方式**がある．ここでは，これらの方式のうち，一般に参照される直接拡散方式と周波数ホッピング方式について紹介する．

〔1〕　**直接拡散方式**

　図 11·1 に直接拡散方式の基本的なシステム構成を示す．送信機において，情報変調（1 次変調）された信号に，その信号の帯域よりも広い帯域をもつ拡散信

11章　スペクトル拡散

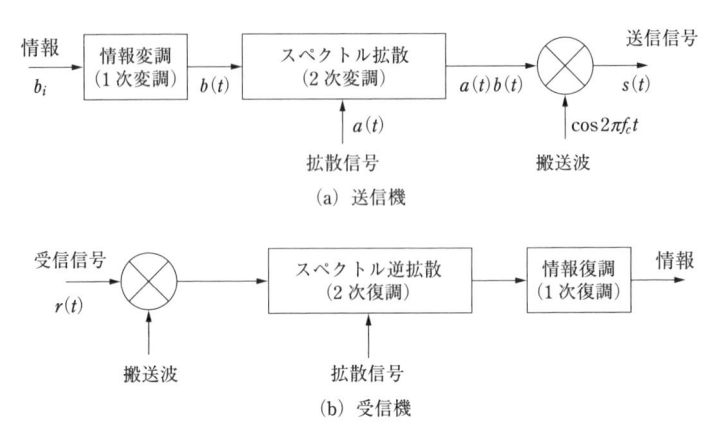

図11・1　直接拡散方式の送受信機

号を掛けあわせて2次変調する．1次変調では通常の狭帯域変調方式を用いることができる．実際には定包絡線をもつPSKやFSKが用いられることが多い．2次変調で用いられる拡散信号は情報とは無関係に選ばれる．

1次変調としてBPSKを用いた場合，直接拡散方式の信号は次のように表される．

$$s(t) = \sqrt{2P_s}\,a(t)b(t)\cos(2\pi f_c t) \tag{11・1}$$

ただし，$b(t)$は1次変調された情報信号，$a(t)$は拡散信号，P_sは信号電力，f_cは搬送波周波数である．このときの時間波形を**図11・2**に示す．拡散信号$a(t)$はチップ時間T_cごとに± 1の値をとる．拡散信号の方が情報信号よりも広帯域であるため，チップ時間はビット時間T_bと比べ短い．**図11・3**に直接拡散方式の周波

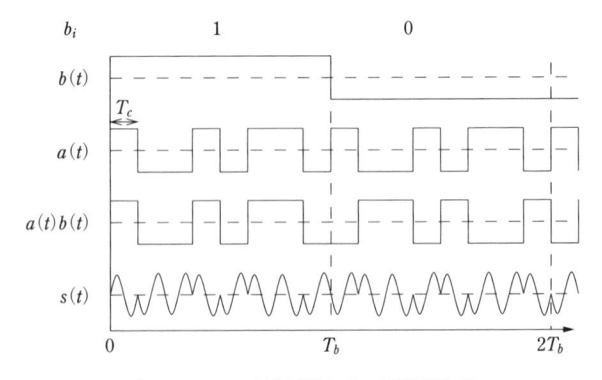

図11・2　直接拡散方式の時間波形

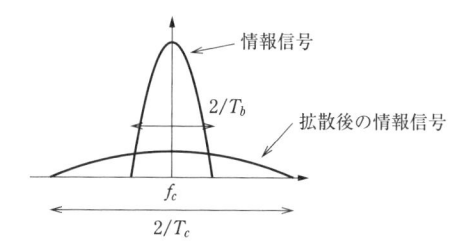

● 図 11・3　直接拡散方式の周波数スペクトル ●

数スペクトルを示す．情報信号の帯域幅は $2/T_b$ であり，これに拡散信号を乗算した後の信号の帯域幅は $2/T_c$ となる．このため，スペクトル拡散により信号の周波数スペクトルは T_b/T_c 倍になる．この $N=T_b/T_c$ は拡散率と呼ばれる．

AWGN 環境下での受信信号は次式で表される．

$$r(t)=\sqrt{2P_s}a(t-\tau)b(t-\tau)\cos(2\pi f_ct+\phi)+n(t) \quad (11\cdot 2)$$

ここで，τ は遅延時間，ϕ はランダム位相，$n(t)$ は雑音項である．受信機では，受信した広帯域の信号に送信機と同じ拡散信号を乗算することでスペクトル逆拡散（2 次復調）を行う．受信機における拡散信号同期，および搬送波同期が完全であると仮定して $\tau=0$，$\phi=0$ する．このとき，受信信号は $|a(t)|=1$ であることを考慮すると

$$\begin{aligned}r(t)a(t)\cos(2\pi f_ct)&=\sqrt{2P_s}a^2(t)b(t)\cos^2(2\pi f_ct)+n(t)a(t)\cos(2\pi f_ct)\\&=\sqrt{2P_s}b(t)\cos^2(2\pi f_ct)+n(t)\cos(2\pi f_ct) \quad (11\cdot 3)\end{aligned}$$

となる．これはスペクトル拡散を用いていない場合の BPSK と同じである．その後，情報復調（1 次復調）することで情報を得る．

〔2〕 **周波数ホッピング方式**

周波数ホッピング方式はいくつかの周波数スロットを用い，これらを切り替えながら使用する．搬送波周波数を切り替えるため，情報変調としては FSK のような位相非同期な変調方式が用いられることが多い．周波数ホッピング方式の基本的なシステム構成を**図 11・4**に示す．情報ははじめに誤り訂正符号化され，その後，FSK 変調される．周波数シンセサイザは，拡散符号にあわせて使用する周波数スロットをホッピング間隔 T_h ごとに切り替える．これと情報系列を掛けあわせて送信信号を得る．情報を誤り訂正符号化するのは，使用している周波数スロッ

```
┌──────┐   ┌────────┐   ┌─────────┐   ┌────┐   ┌───┐   送信信号
情報 →│誤り訂正│ → │FSK変調器│ → │ミキサ│ → │BPF│ →
      │符号器 │   └────────┘   └────┬────┘   └───┘
      └──────┘                      │
                                    │
                       拡散符号 →┌──────┐
                                 │周波数│
                                 │シンセサイザ│
                                 └──────┘

                      (a) 送信機

受信信号         ┌───┐         ┌─────┐     ┌────────┐     ┌──────┐   情報
     → │BPF│ → ┬→│ミキサ│ → │FSK復調器│ → │誤り訂正│ →
        └───┘    │ └─────┘     └────────┘     │復号器│
                 │                              └──────┘
            ┌───┴───┐    ┌──────┐
            │同期回路│ → │周波数 │
            └───────┘    │シンセサイザ│
                         └──────┘

                      (b) 受信機
```

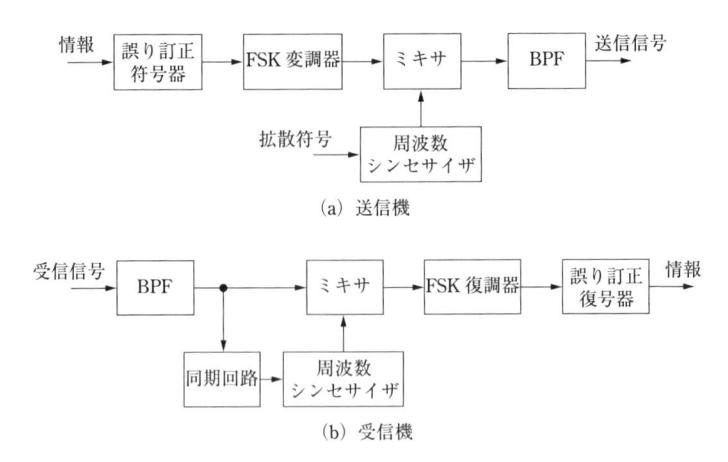

● 図 11・4 周波数ホッピング方式の送受信機 ●

トに干渉波などが存在したときに受信できなくなる影響を和らげるためである.

送信信号は次式で表される.

$$s(t) = \sqrt{2P_s}\cos\{2\pi f_c t + 2\pi f_i t + \theta(t) + \phi\} \tag{11・4}$$

ここで, f_c は搬送波周波数, f_i はホッピング周波数, $\theta(t)$ は FSK の情報変調, ϕ はランダム位相である. ホッピング周波数 f_i はホッピング間隔 T_h ごとに変化する.

受信機では送信機と同じ周波数ホッピングパターンを周波数シンセサイザで作成し, 同期を取りつつ受信信号と掛けあわせる. その後, FSK 復調, 誤り訂正復号することで情報を得ることができる.

周波数ホッピング方式はシンボル時間 T_s とホッピング間隔 T_h の関係により, 低速周波数ホッピング方式と高速周波数ホッピング方式に分けられる (**図 11・5**). 低速周波数ホッピング方式は, ホッピング間隔がシンボル時間よりも長い場合を指し, 高速周波数ホッピング方式は, 逆にホッピング間隔がシンボル時間よりも短い場合になる. 低速周波数ホッピング方式は, ホッピング間隔が長いために周波数シンセサイザの実現が容易である. しかし, 複数シンボルで同じ周波数スロットを使うため, バースト誤りが発生しやすくなる. 高速周波数ホッピング方式の方が一般に性能がよくなるものの, 実現が難しいといった問題がある.

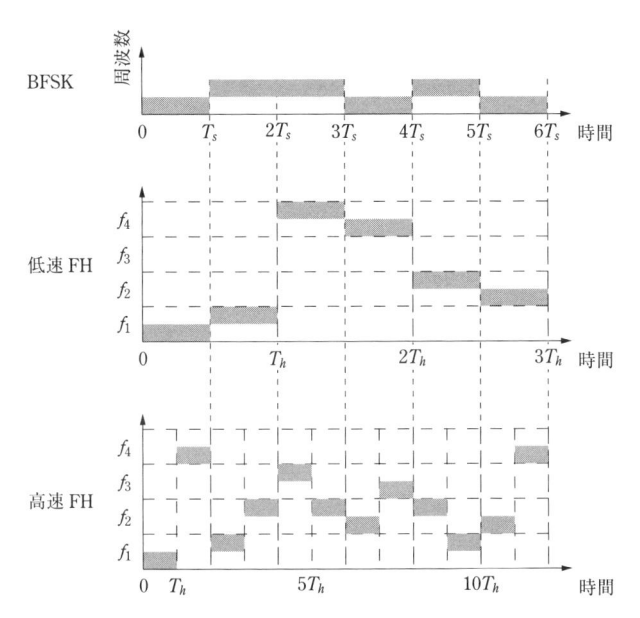

図 11・5　低速周波数ホッピング方式と高速周波数ホッピング方式

3　スペクトル拡散で使う拡散符号とは

　直接拡散方式で用いる拡散符号は，信号の検出，同期を取りやすくするために鋭い自己相関特性があること，情報信号を帯域全体に拡散できるように周期が長くランダム性が高いことがあげられる．また，多元接続を行う場合には，たくさんのユーザに割り当てることができるように符号の種類が多いこと，ユーザ間の干渉を減らすために相互相関が小さいことがあげられる．

　よく使われる符号としては M 系列や Gold 符号がある．M 系列は次式により構成される．

$$a_i = \sum_{j=1}^{k} h_j a_{i-j} \pmod{2} \tag{11・5}$$

　図 11・6 に示されるように，M 系列は k 個のシフトレジスタで構成される回路で発生させることができる．この回路で発生させられる最大の長さの系列長は $n=2^k-1$ である．これは，シフトレジスタの値として取り得る組合せは最大 2^k であり，これからすべて 0 の場合を除いたものに相当する．M 系列はこの回路から発生される系列の長さが最大となるように h_i が決められる．M 系列と呼ばれ

● 図 11・6　M 系列発生器 ●

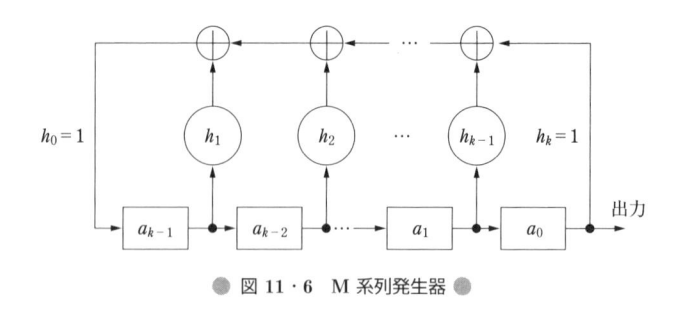

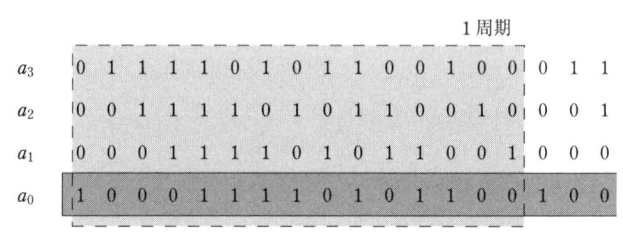

● 図 11・7　M 系列発生の例 ($k=4$) ●

るのは最大周期系列（Maximum-Length Sequence）であるためである．

$k=4$ の場合を例に M 系列を実際に発生させてみる．このとき，$h_0=h_1=h_4=1$，$h_2=h_3=0$ となり，系列長は $2^4-1=15$ である．初期値として，$a_0=1$，$a_1=a_2=a_3=0$ とすると a_i は図 11・7 のように変化していき，出力される系列は

　　　100011110101100

を繰り返すことになる．

ここで，M 系列の特徴について紹介する．一つめは平衡性である．これは系列の 1 周期において，「1」の数と「0」の数がたかだか 1 しか違わないというものである．前記の例で実際に「1」の数は 8，「0」の数は 7 であり，「1」が「0」よりも一つだけ多い．このことは，M 系列のランダム性が高いことの理由の一つでもある．

また，M 系列には「Cycle-and-Add」という性質がある．これは，ある M 系列とこれを巡回シフトしたものとの排他的論理和を取ったものは，元の M 系列を巡回シフトさせたものに一致するというものである．実際に前記の例において一つシフトしたものとの排他的論理和をとると，以下のようになる．

3 スペクトル拡散で使う拡散符号とは

　　100011110101100
　⊕010001111010110
　＝110010001111010　　　　　　　　　　　　　　　　　　　　(11・6)

得られた系列は元の系列を右に四つ巡回シフトしたものである．

では，M 系列の自己相関特性はどのようになっているのだろうか．周期信号の自己相関関数は次式で定義される．

$$R(\tau) = \frac{1}{T} \int_0^T a(t)a(t-\tau)dt \qquad (11 \cdot 7)$$

ただし，T は信号の周期である．この式に M 系列を用いた拡散信号を当てはめると自己相関関数は次式で表される．

$$R(\tau) = \begin{cases} 1 & \tau = lT \\ 1-\left(\frac{n+1}{n}\right)\frac{|\tau|}{T_c} & lT-T_c \leq \tau \leq lT+T_c \\ -\frac{1}{n} & (l-1)T+T_c \leq \tau \leq lT-T_c \end{cases} \qquad (11 \cdot 8)$$

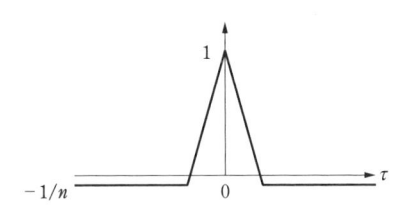

● 図 11・8　M 系列の自己相関特性 ●

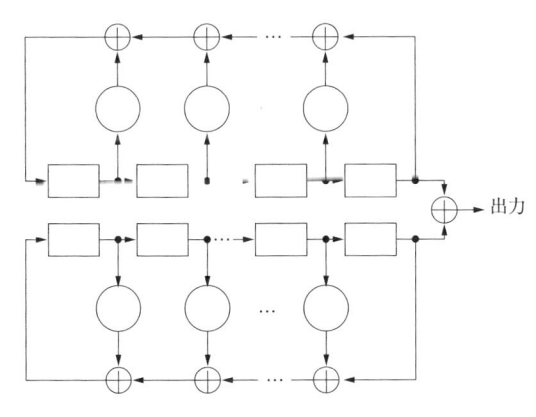

● 図 11・9　Gold 符号発生器 ●

ただし，$T=nT_c$, l は任意の整数である．M 系列の自己相関特性を図 **11・8** に示す．M 系列は位相差 $\tau=0$ の場合は自己相関は 1 となり，それ以外は $-1/n$ となる．このように，M 系列は鋭い自己相関特性をもつ．

　Gold 符号はプリファードペアと呼ばれる小さな相互相関値をとる二つの M 系列から生成される．その発生器を図 **11・9** に示す．二つの M 系列のうち，片方の M 系列を巡回シフトさせてから排他的論理和を取ることで，$n-1$ 個の符号が生成される．これに，もともとの二つの M 系列を加えた $n+1$ 個の符号が Gold 符号である．

4 スペクトル拡散の特徴は ？

　直接拡散方式を用いると，信号の電力スペクトル密度が拡散率分だけ低く抑えることができる．このため，複数のユーザが時間的・周波数的に重なっていても，信号品質の劣化と引替えに同時通信が可能となる．

　いま，K ユーザからの信号を受信している状況を想定する．各ユーザからの信号は等電力でかつ非同期に受信されるとする．受信信号は式 (11・2) より

$$r(t)=\sum_{k=1}^{K}\sqrt{2P_s}a_k(t-\tau_k)b_k(t-\tau_k)\cos(2\pi f_c t+\phi_k)+n(t) \quad (11\cdot 9)$$

と表すことができる．このとき，所望ユーザ j における拡散信号同期，搬送波同期が完全であると仮定すると，一般性を失うことなしに，$\tau_j=0$, $\phi_j=0$ とすることができる．また，$k\neq i$ においては $0\leq\tau_k<T$, $0\leq\theta_k<2\pi$ である．受信機では受信信号に搬送波および拡散信号を乗積した後に積分することで逆拡散を行い，情報の再生を行う．ここで i 番目の情報ビットに対応する積分出力は

$$Z_j=\int_{(i-1)T_b}^{iT_b} r(t)a_j(t)\cos(2\pi f_c t)dt \quad (11\cdot 10)$$

となる．このとき上式に式 (11・9) を代入し整理すると

$$\begin{aligned}Z_j=&\sqrt{P_s/2}T_b b_j(iT_b)\\&+\sqrt{P_s/2}\sum_{k=1,k\neq j}^{K}[b_k((i-1)T_b)R_{k,j}(\tau_k)+b_k(iT_b)\hat{R}_{k,j}(\tau_k)]\cos\phi_k\\&+\int_0^{T_b}n(t)a_j(t)\cos(2\pi f_c t)dt \quad (11\cdot 11)\end{aligned}$$

となる．ただし，式中の $R_{k,j}(\tau)$ および $\hat{R}_{k,j}(\tau)$ はそれぞれ拡散系列間の部分相互相関であり

$$R_{k,j}(\tau) = \int_0^\tau a_k(t-\tau)a_j(t)dt \tag{11・12}$$

$$\hat{R}_{k,j}(\tau) = \int_\tau^T a_k(t-\tau)a_j(t)dt \tag{11・13}$$

で定義される．これらは k 番目と j 番目のユーザの信号間のタイミングの違い，および各々の拡散符号の部分相互相関で定まる．式 (11・11) の第 1 項目は所望信号成分，第 2 項目は干渉成分，第 3 項目は雑音成分を表す．これらをそれぞれ $Z_{j,D}$, $Z_{j,U}$, $Z_{j,N}$ と表記する．これらのうち，$Z_{j,N}$ は分散

$$\text{Var}\{Z_{j,N}\} = \frac{N_0 T_b}{4} \tag{11・14}$$

のガウスランダム変数である．また，ユーザ数 K が十分大きい場合は，干渉成分 $Z_{j,U}$ もガウスランダム変数とみなすことが可能である．詳細な導出は省略するが，拡散系列がランダム符号とみなせるような場合には

$$\text{Var}\{Z_{j,U}\} \approx \frac{P_s T_b^2}{2} \frac{K-1}{3N} \tag{11・15}$$

と近似できる．よって，信号対雑音干渉電力比 (SNIR: signal to noise interference ratio) は

$$\begin{aligned}\text{SNIR} &= \frac{Z_{j,D}^2}{\text{Var}\{Z_{j,U}\} + \text{Var}\{Z_{j,N}\}} \\ &= \left\{\frac{K-1}{3N} + \frac{N_0}{2E_b}\right\}^{-1}\end{aligned} \tag{11・16}$$

となる．これより，誤り率 P_e は

$$P_e = \frac{1}{2}\text{erfc}\left[\frac{1}{\sqrt{2}}\left(\frac{K-1}{3N} + \frac{N_0}{2E_b}\right)^{-\frac{1}{2}}\right] \tag{11・17}$$

となる．

図 **11・10** に拡散率 $N=60$ のときのビット誤り率特性を示す．通信を同時に行うユーザ数が増加するに従い，ビット誤り率は緩やかに劣化する．これは「**graceful degradation**（緩やかな品質劣化）」と呼ばれており，直接拡散方式の大きな特徴である．

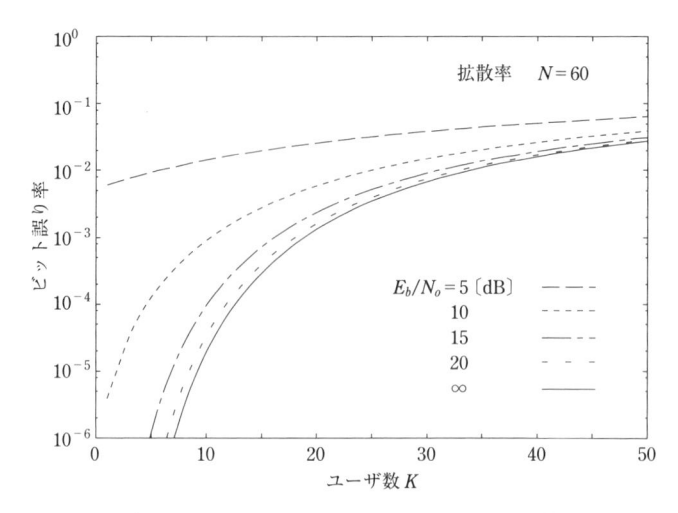

図 11・10 直接拡散方式のビット誤り率特性

この他にも，時間と周波数を共有しているため各ユーザ間での同期が不必要であり，ランダムアクセスが可能という特徴も備えている．マルチメディア通信に柔軟に対応できること，マルチパスに強い，ソフトハンドオフが可能であることなど，移動体通信に適した特徴を有している．

まとめ

本章ではスペクトル拡散通信として直接拡散方式と周波数ホッピング方式について学習した．また，直接拡散方式については，これに用いられる拡散符号や複数のユーザが同時に送信している状況でのビット誤り率特性についても理解した．

演習問題

問1 スペクトル拡散通信の種類を二つ挙げよ．

問2 直接拡散方式において，拡散信号の同期が τ ずれているときの信号対雑音電力比（SNR）を求めよ．なお，他ユーザからの信号はなく，搬送波同期は取れているものとする．

問3 $k=3$ のときの M 系列を発生させよ．なお，$h_0 = h_1 = h_3 = 1$, $h_2 = 0$ である．

問4 M 系列を用いた拡散信号の自己相関関数が式 (11・8) になることを確かめよ．

12 章
多元接続技術

　本章では複数のユーザで共通の無線資源を分割して利用する多元接続技術について学習する．移動体通信で用いられてきた周波数分割多元接続（FDMA: frequency division multiple access），時分割多元接続（TDMA: time division multiple access），符号分割方式（code division multiple access）や，コンピュータネットワークで用いられるランダムアクセス方式について理解する．

1　多元接続技術はなぜ必要

　多元接続技術の概念図を図 12・1 に示す．この図では複数のユーザが基地局にアクセスしているようすを示している．複数のユーザがそれぞれ好きなように無線資源を使って基地局にアクセスすると，不必要にユーザ間に干渉が発生してしまう等，無線資源を効率的に利用できない．そこで，限られた無線資源を有効に使うために，複数のユーザでこれらを何らかの方針に従って分割して使用する．これが多元接続である．

　なお，この図のように必ずしも基地局にアクセスする状況で適用される技術ではない．基地局が存在しないような自律分散型のネットワークにおいても多元接続技術は重要である．

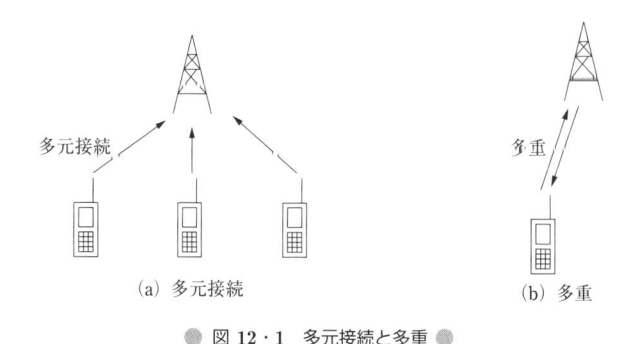

(a) 多元接続　　(b) 多重

● 図 12・1　多元接続と多重 ●

2 多元接続の種類を学ぼう

多元接続方式は無線資源をどのように分割するかで分類できる．ここでは，基本的なものである周波数分割多元接続（FDMA），時分割多元接続（TDMA），および符号分割多元接続（CDMA）について紹介する．図12・2には各多元接続方式の概念図を示している．

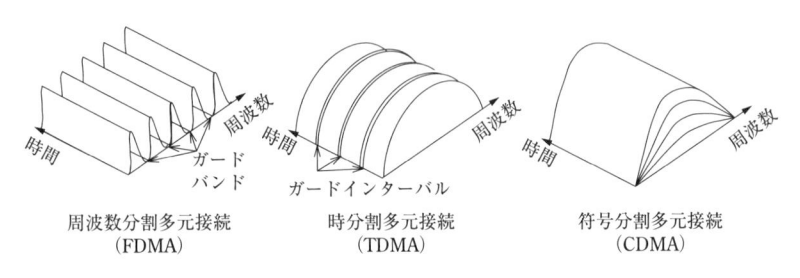

● 図 12・2　各多元接続方式の概念図 ●

〔1〕 FDMA

無線資源を周波数で分割した方式がFDMAである．FDMAでは各ユーザに異なる搬送波帯域を割り当てている．ユーザ間の干渉を防ぐために各周波数帯域間にガードバンドが設けられている．この方式は第一世代の移動体通信システムで用いられてきた．

FDMAは時間的に連続したチャネルを使用するため，ディジタル変調だけでなくアナログ変調も容易に用いることができる．また，同期などのオーバヘッドを小さくすることが可能である．割り当てられたチャネルは，解放されるまで占有することになる．音声通話の場合，無音区間があってもチャネルを占有することになる．

〔2〕 TDMA

無線資源を時間で分割した方式がTDMAである．TDMAではある周波数帯域を複数のユーザで共有する．そして，**フレーム**と呼ばれる単位で区切り，これをさらにスロットと呼ばれる時間枠に分割して，各ユーザに割り当てて使用する（**図 12・3**）．この方式はPDC，GSM，PHSのような第二世代移動体通信システムで用いられている．

各ユーザはフレーム毎に間欠的に情報を送信することになり，自身に割り当て

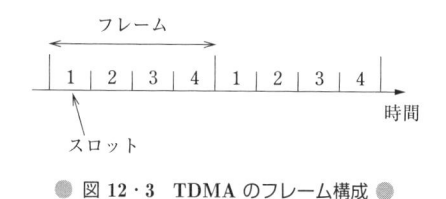

● 図 12・3　TDMA のフレーム構成 ●

られたスロットで音声データ等を圧縮して送信する．このため，ディジタル変調を用いることが多い．また，間欠送信であるために省電力化を図ることが可能であるが，同期などのオーバヘッドが大きくなる．音声通話の場合，フレームの長さは人間が聞いて違和感がないような長さにする必要がある．チャネルの伝送速度は各ユーザの伝送速度の多重数倍になる．

〔3〕 **CDMA**

CDMA はスペクトル拡散技術を用いた方式である．FDMA や TDMA と異なり，ユーザ間で時間や周波数を共有しており，符号により論理的に分割している．第三世代移動体通信システムで採用されている方式である．

CDMA では各ユーザに割り当てられた拡散信号によって多重化された信号を分離するため，ディジタル変調に適している．情報信号は拡散信号により広帯域化されており，時間分解能が高いためマルチパスを分離，合成することが可能である．通信品質は干渉電力によって決まるため，音声における無音区間に情報を送信しないことで他ユーザへの干渉を減らし，結果としてチャネル容量を増やすことができる．

3　多元接続方式の特性は？

周波数利用効率とは，単位帯域あたりに送ることができる最大情報量を示し，多元接続方式の評価基準としてよく用いられる．これは次式で定義される．

$$\eta = \frac{KR_b}{W_s} = \frac{\dfrac{C}{N_0 W_s}}{\dfrac{E_b}{N_0}} \quad [\mathrm{bit/s/Hz}] \tag{12・1}$$

ただし，R_b は各チャネルの情報速度〔bit/s〕，K は最大ユーザ数，W_s はそのシステムに割り当てられた全帯域幅，C は全搬送波電力であり KE_bR_b に等しい．

CDMAでは他ユーザからの干渉によって通信品質が大きく左右される．この他ユーザからの干渉をガウス分布に従うと仮定すると，その電力密度 I_0 は

$$I_0 = (K-1)\frac{E_b R_b}{W_s} \tag{12・2}$$

となる．このとき，SNIR は

$$\frac{E_b}{N_0+I_0} = \frac{E_b}{N_0+(K-1)\dfrac{E_b R_b}{W_s}}$$

$$= \frac{\dfrac{E_b}{N_0}}{1+\dfrac{K-1}{K}\dfrac{C}{N_0}W_s} \tag{12・3}$$

となる．これより，E_b/N_0 は

$$\frac{E_b}{N_0} = \frac{E_b}{N_0+I_0}\left(1+\frac{K-1}{K}\frac{C}{N_0 W_s}\right) \tag{12・4}$$

となる．これを式 (12・1) に代入して

$$\eta_{\text{CDMA}} = \frac{\dfrac{C}{N_0 W_s}}{\dfrac{E_b}{N_0+I_0}\left(1+\dfrac{K-1}{K}\dfrac{C}{N_0 W_s}\right)} \tag{12・5}$$

となる．最大ユーザ数 K が十分大きいとき，$K-1 \approx K$ として

$$\eta_{\text{CDMA}} \approx \frac{\dfrac{C}{N_0 W_s}}{\dfrac{E_b}{N_0+I_0}\left(1+\dfrac{C}{N_0 W_s}\right)} \tag{12・6}$$

となる．CDMA では音声通話の無音区間に信号を送信しないことで干渉量を減らすことができる．これによる干渉電力の減少係数を $V(0 \leq V \leq 1)$ とすると，これは等価的に K を VK に減らす効果がある．また，適応アンテナ技術や干渉除去技術などにより受信側で干渉量を減らすことができる．受信側での減少係数を $A(0 \leq A \leq 1)$ とすると，これは I_0 を減らす効果がある．以上より，CDMA 方式の周波数利用効率は

$$\eta_{\text{CDMA}} \approx \frac{\dfrac{C}{N_0 W_s}}{V \dfrac{E_b}{N_0 + I_0}\left(1 + \dfrac{AC}{N_0 W_s}\right)} \quad (12 \cdot 7)$$

となる.

FDMAとTDMAでは電力制限が支配的な場合には式(12·1)が成り立つが, 帯域制限が支配的な場合には用いることができない. また, 周波数再利用が可能なときにはその数だけ周波数利用効率が向上する. これらのことを考慮して, FDMAおよびTDMAの周波数利用効率は

$$\eta_{\text{FDMA}} = \eta_{\text{TDMA}} = \begin{cases} B \cdot \dfrac{\dfrac{C}{N_0 W_s}}{\dfrac{E_b}{N_0}} & \left(\dfrac{KR_b}{W_s} < R_c H \log_2 m\right) \\ BR_c H \log_2 m & \left(\dfrac{KR_b}{W_s} \geq R_c H \log_2 m\right) \end{cases} \quad (12 \cdot 8)$$

となる. ただし, B は周波数再利用数, R_c は誤り訂正符号の符号化率, $H(0 \leq H \leq 1)$ はガードバンドまたはガードタイムによる損失率, m は変調における信号点数 (例えば位相変調の場合の位相数に相当) である.

図 12·4 に, 符号化率 R_c, 拘束長 7 の畳込み符号を用いたときにビット誤り率 10^{-5} を達成する場合の周波数利用効率を示す. また, パラメータ V, A, B, H, $\log_2 m$ はそれぞれ 1 とした. この図より, 誤り訂正を行わない場合は CDMA の周波数利用効率が他の方式より低いことがわかる. しかし, CDMA では誤り訂正符号の効果が顕著に表れる. 他の方式では電力制限の領域 (直線的に増加している部分) で効果が見られるものの, 帯域制限の領域 (一定値を保っている部分) では誤り訂正符号を採用しない方が周波数利用効率が高くなっている. CDMA では, システムの信号対雑音比 $C/N_0 W_s$ はユーザ数 K が大きいとき, I_0/N_0 と等しくなる. 図 12·4 の横軸は干渉電力密度と雑音電力密度との比を示しており, この比が大きいほど高い周波数利用効率を得ることができる. 図 12·4 では送信側や受信側での干渉低減策を考慮していないが, これらを採用することで CDMA の周波数利用効率を更に向上させることができる. もし, 受信側での干渉減少係数 A がとても小さく, 式 (12·7) の分母の括弧中の第 2 項を 1 に比べて無視できるならば, FDMA や TDMA の電力制限の場合と同等になる.

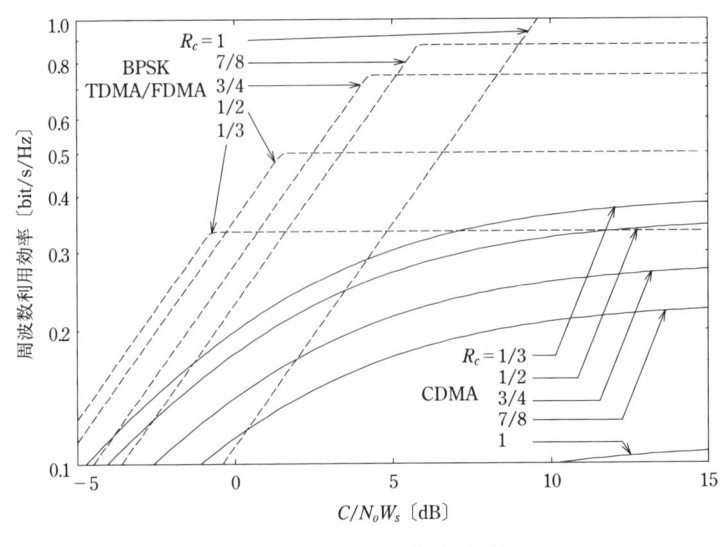

● 図 12・4　周波数利用効率 ●

4 ランダムアクセス方式を学ぼう

前節までに紹介してきた FDMA, TDMA, CDMA は主に移動体通信の分野で発達してきた技術であり，集中管理型の多元接続技術である．これに対し，コンピュータネットワークの分野では自律分散制御に基づく多元接続技術が発達してきた．これは基本的には集中管理する基地局は存在せず，各ユーザが何らかの規律に従いながら情報をパケットと呼ばれる単位で送信する．このような方式は**ランダムアクセス方式**と呼ばれる．

本節ではランダムアクセス方式の基本的なものである ALOHA, Slotted ALOHA, CSMA (carrier sense multiple access) について紹介する．

〔1〕 **ALOHA**

ランダムアクセス用プロトコルとして最も基本的な方式が **ALOHA** である．後で紹介する Slotted ALOHA と区別するために，Pure ALOHA と呼ばれることもある．ALOHA では各ユーザは好きな時に自由にパケットを送出する．特別な制御を必要とせず，簡単に構成できるという利点がある．その反面，送出パケットが他ユーザからのパケットと衝突しやすいという欠点がある．ALOHA におけるパケットの送信状況を**図 12・5** に示す．この図において，塗りつぶされた部分

は他のパケットとの衝突を示している．パケットの伝送に成功するのは，他のパケットと衝突していない時刻 t_1 に送信されたパケットのみとなる．

パケットの長さを T_p とし，パケットが生起率 λ (パケット数/秒) のポアソン過程に従って発生するものとする．間隔時間 τ に k 個のパケットが発生する確率は

$$P(k,\tau) = \frac{e^{-\lambda\tau}(\lambda\tau)^k}{k!} \tag{12・9}$$

となる．

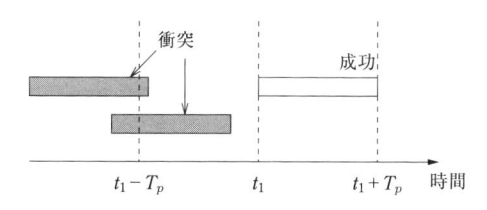

● 図 12・5　ALOHA 方式におけるパケット送信のようす ●

時刻 t_1 に送信されたパケットに着目する．時間区間 $[t_1-T_p, t_1+T_p]$ の間隔時間 $2T_p$ の間に他のユーザのパケットが発生したとき，パケットが衝突することになる．そのためパケットが衝突しない確率，つまりパケット伝送成功確率 Q_S は，間隔時間 $2T_p$ の間にパケットが発生しない確率と等しくなる．これは式 (12・9) において $k=0, \tau=2T_p$ とすることで求められ，次式のようになる．

$$Q_S = P(k=0, \tau=2T_p) = e^{-2\lambda T_p} \tag{12・10}$$

スループットを伝送に成功する平均トラヒック量と定義する．これは発生する平均トラヒック量 ($G=\lambda T_p$) とパケット伝送成功確率の積で求められ，次式のようになる．

$$S = \lambda T_p Q_S = Ge^{-2G} \tag{12・11}$$

最大スループットは G で微分したものを 0 とすることで求められ，$G=1/2$ のとき $S_{\max}=1/2e$ となる．

〔2〕 Slotted ALOHA

ALOHA の特性を向上させるために，時間軸をスロットと呼ばれるパケット長に等しい時間枠に同期させてパケットを送出する方式が **Slotted ALOHA** である．この方式のパケット送信のようすを**図 12・6** に示す．Slotted ALOHA では

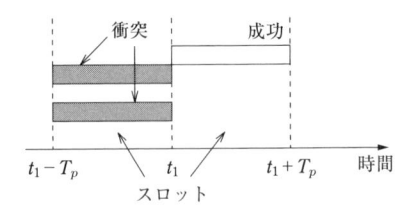

● 図 12・6　Slotted ALOHA 方式におけるパケット送信のようす ●

各ユーザがスロットに同期してパケットを送出するため，パケットは完全に重なるかまったく重ならないかのどちらかになる．ALOHA とは異なり，パケットの一部分だけが他のパケットと衝突することが避けられる．

時間区間 $[t_1-T_p,t_1]$ で送信要求が発生したパケットは時間区間 $[t_1,t_1+T_p]$ にチャネルに送出される．時刻 t_1 に送信しているパケットに着目する．このパケットが伝送に成功するためには，時間区間 $[t_1-T_p,t_1]$ に他のパケットが発生しないことが必要である．そのため，パケット伝送成功確率は式 (12・9) に $k=0$, $\tau=T_p$ を代入して

$$Q_S = P(k=0, \tau=T_p) = e^{-\lambda T_p} \qquad (12 \cdot 12)$$

となる．これより，スループット特性は

$$S = \lambda T_p Q_S = G e^{-G} \qquad (12 \cdot 13)$$

となる．最大スループットは $G=1$ のときに得られ，$G_{\max}=1/e$ となる．Slotted ALOHA は ALOHA の 2 倍の最大スループットを達成できる．

〔3〕 CSMA

ALOHA や Slotted ALOHA の特性をさらに改善するために提案されたのが CSMA である．この方式では，各ユーザがパケットを送出する前にチャネルをモニタし（**キャリアセンス**と呼ぶ），空き（idle）ならばパケットを送信，使用中（busy）ならばパケットを送信するのを控えるというアクセス制御が行われる．理想的にはキャリアセンスにより衝突を回避することができるが，実際には伝搬遅延などによりパケットが送信されていることを見逃してしまい，衝突が発生することがある．図 12・7 に CSMA におけるパケット送信のようすを示す．この図において，時刻 t_1 にパケット送信が始まっているものの，伝搬遅延 T_d があるために，他のユーザパケット送信を検出できず，自身のパケットを送信してしまう．時刻 t_2 に送信されたパケットは他のユーザからのパケット送信がなく，伝送に成

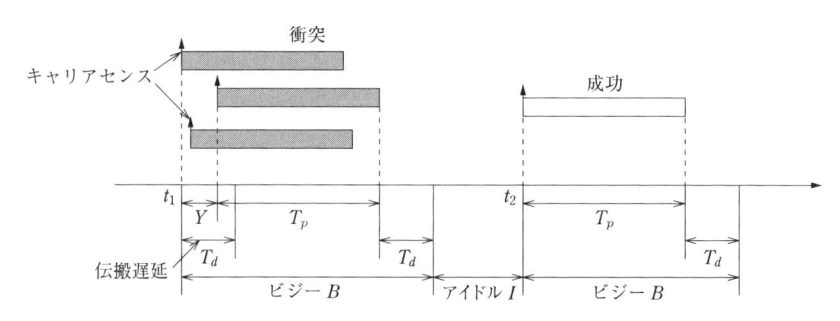

● 図 12・7　CSMA 方式におけるパケット送信のようす ●

功している．

ここで，図 12・7 を基に，CSMA のスループット特性を求める．時刻 t_1+Y を，時間区間 $[t_1, t_1+T_d]$ に発生したパケットのうち，最後のパケットが発生した時間とする．時間間隔 $[t_1, t_1+Y]$ に発生したパケットはすべて時刻 t_1+Y+T_p までに送信を終了する．その τ 後に他のユーザによりチャネルがアイドルと判断されるようになる．時間区間 $[t_1, t_1+Y+T_p+T_d]$ をビジー期間と呼ぶことにし，これ以外の時間をアイドル期間と呼ぶ．さらに，$\overline{B}$ を平均ビジー時間，$\overline{I}$ を平均アイドル時間とする．このとき，スループット特性は

$$S = \frac{T_p Q_S}{\overline{B} + \overline{I}} \tag{12・14}$$

と表される．パケットが衝突なく伝送されるのは，ビジー期間の始めの T_d の間に一つも他ユーザからのパケットが発生しなかった場合である．この確率は式 (12・9) において $k=0, \tau=T_d$ として

$$Q_S = P(k=0, \tau=T_d) = e^{-\lambda T_d} = e^{-aG} \tag{12・15}$$

となる．ここで a はパケット長で正規化した伝搬遅延時間であり，$a = T_d/T_p$ である．平均アイドル時間はパケットの生起間隔の平均値に等しく

$$\overline{I} = \frac{1}{\lambda} = \frac{T_p}{G} \tag{12・16}$$

となる．平均ビジー時間は

$$\overline{B} = T_p + \overline{Y} + T_d \tag{12・17}$$

となる．ただし，$\overline{Y}$ は Y の平均値である．次に Y の分布関数 $F_Y(y)$ を求める．これは時間間隔 $T_d - y$ に一つもパケットが発生しない確率に等しく，式 (12・9) で

$k=0$, $\tau=T_d-y$ として

$$F_Y(y)=P(k=0,\tau=T_d-y)=e^{-\lambda(T_d-y)} \qquad (12\cdot18)$$

となる．Y の確率密度関数 $f_Y(y)$ は上式を微分したものであり，これを用いて

$$\overline{Y}=\int_0^{T_d} y f_Y(y)dy=T_p\left\{a-\frac{1}{G}\left(1-e^{-aG}\right)\right\} \qquad (12\cdot19)$$

となる．式 (12·14) に，式 (12·15)，(12·16)，(12·17)，(12·19) を代入して

$$S=\frac{Ge^{-aG}}{G(1+2a)+e^{-aG}} \qquad (12\cdot20)$$

となる．もし，伝搬遅延が無視できるほど小さいとすると，スループット特性は

$$\lim_{a\to 0} S=\frac{G}{1+G} \qquad (12\cdot21)$$

となる．このとき，$G\to\infty$ とすると，$S\to 1$ となる．

多重

多元接続と似ている技術に多重がある．多重は 1 組のユーザ間での双方向の通信を分離する技術である．よく使われるものとして，周波数分割多重（FDD: frequency division duplexing），時分割多重（TDD: time division duplexing）がある．

新しい多元接続技術

直接拡散方式を用いた CDMA を DS/CDMA とも呼ぶ．これに対し，マルチキャリア信号を用い，周波数方向に情報を拡散するマルチキャリア CDMA（MC/CDMA）がある．同じくマルチキャリア信号を用い，各ユーザに一部のサブキャリアを割り当てる直交周波数分割多元接続（OFDMA: orthogonal frequency division multiple access）というのもある．この他に，適応アンテナ処理により電波の飛ぶ方向を制限することで空間的に多重化する空間分割多元接続（SDMA: space division multiple access）も検討されている．

まとめ

本章では多元接続方式として，FDMA，TDMA および CDMA を学習した．周波数利用効率の観点でこれらの性能を比較することで，各方式の違いを理解した．また，ランダムアクセス方式として ALOHA，Slotted ALOHA および CSMA

を学び，それぞれのスループット特性を導出した．

演 習 問 題

問 1 FDMA，TDMA，CDMA の特徴をそれぞれ簡単にまとめよ．

問 2 ALOHA，Slotted ALOHA，CSMA のスループット特性を図示することで，これらを比較せよ．

問 3 ALOHA，Slotted ALOHA は CSMA とは異なり，伝搬遅延の影響を受けない．この理由を考察せよ．

参 考 図 書

■ 1, 2章 ■
[1] 滑川敏彦, 奥井重彦：通信方式, 森北出版 (1990)
[2] 横山光雄：移動通信技術の基礎, 日刊工業新聞社 (1994)
[3] 福田明：基礎通信工学, 森北出版 (1999)
[4] B. P. Lathi: Modern Digital and Analog Communication Systems, 3rd ed., Oxford University Press, Inc (1998)

■ 3章 ■
[1] J. Proakis：Digital Communications, 4th ed., McGraw-Hill (2000)
[2] 野本真一：ワイヤレス基礎理論, 電子情報通信学会 (2003)

■ 4, 5章 ■
[1] B. P. Lathi 著, 山中惣之助, 宇佐美興一 共訳：通信方式, マグロウヒル好学社 (1977)
[2] S. Stein, J. J. Jones 著, 関英男監訳：現代の通信回線理論, 森北出版 (1970)
[3] H. Taub, D. L. Schilling：Principles of Communication Systems, 2nd ed., McGraw-Hill (1986)
[4] 瀧保夫：通信方式（電子通信学会大学講座 19）, コロナ社 (1963)
[5] 平松啓二：通信方式（電子通信学会大学シリーズ F-4）, コロナ社 (1985)

■ 6章 ■
[1] A. L. Garcia: Probability and Random Processes for Electrical Engineering, Addison-Wesley (1994)
[2] J. Proakis, M. Salehi: Communication Systems Engineering, Prentice Hall (1994)
[3] 福田明：基礎通信工学, 森北出版 (1999)

■ 7, 8章 ■
[1] H. Taub, D. L. Schilling：Principles of Communication Systems, 2nd ed., McGraw-Hill (1986)
[2] J. Proakis：Digital Communications, 4th ed., McGraw-Hill (2000)

[3] 野本真一：ワイヤレス基礎理論，電子情報通信学会（2003）

9章
[1] Haykin, Moher: Modern Wireless Communications, Prentice Hall（2005）
[2] Proakis, Salehi: Communication Systems Engineering, Prentice Hall（1994）
[3] 福田明：基礎通信工学，森北出版（1999）
[4] H. Taub, D. L. Schilling：Principles of Communication Systems, 2nd ed., McGraw-Hill（1986）

10章
[1] Bahai, Saltzberg：Multi-Carrier Digital Communications Theory and Applications of OFDM, Kluwer Academic/Plenum Publishers（1999）

11章
[1] 横山光雄：スペクトル拡散通信システム，科学技術出版社（1988）

12章
[1] L. Kleinrock: Queueing System Vol.II Computer Applications, Wiley（1976）
[2] A. J. Viterbi: CDMA: Principles of Spread Spectrum Communication, Addison–Wesley（1995）

演習問題解答

■ 1 章 ■

問 1 $x(t)=\cos(10\pi t)-\sin(10\pi t)=\sqrt{2}\cos(2\pi\cdot 5t+\pi/4)$ より

$$A_c=\sqrt{2}, \quad f_c=5, \quad \theta=\pi/4$$

$$P_T=\frac{1}{T}\int_0^T x^2(t)\,dt=\frac{1}{T}\int_0^T 2\cos^2\left(10\pi t+\frac{\pi}{4}\right)dt$$

$$=\frac{1}{T}\int_0^T\left[1+\cos\left(20\pi t+\frac{\pi}{2}\right)\right]dt=1$$

もしくは,$\dfrac{1}{T}\displaystyle\int_0^T[\cos(10\pi t)-\sin(10\pi t)]^2\,dt=1$ より求められる.

問 2 この関数は,$x(t)=t \quad (-\pi<t\leq\pi),\ x(t+2\pi)=x(t)$ と書ける.

$$a_n=0$$

$$b_n=\frac{2}{T}\int_{-T/2}^{T/2}x(t)\sin 2\pi\frac{n}{T}t\,dt=\frac{1}{\pi}\int_{-\pi}^{\pi}t\sin nt\,dt$$

$$=\frac{2}{\pi}\left[-\frac{t}{n}\cos nt\right]_0^{\pi}+\frac{2}{\pi}\int_{\pi}^{0}\frac{1}{n}\cos nt\,dt$$

$$=-\frac{2}{n}\cos n\pi=\frac{2}{n}(-1)^{n+1}$$

よって,フーリエ級数表示は

$$x(t)=\sum_{n=1}^{\infty}\frac{2}{n}(-1)^{n+1}\sin nt=2\left(\sin t-\frac{\sin 2t}{2}+\frac{\sin 3t}{3}-\cdots\right)$$

部分和を図示すると次のようになる.

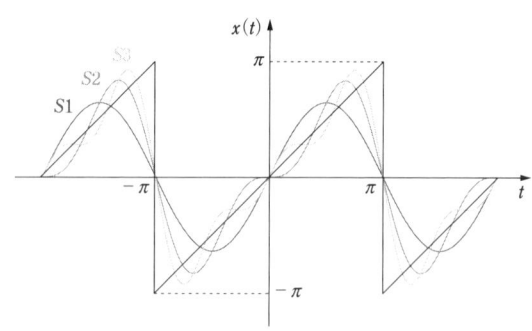

問 3 (1) 幅 a,高さ 1 の孤立矩形パルス $g(t)=1\ (|t|\leq a/2)$ のフーリエ変換は,

$$G(f)=a\,\mathrm{Sinc}(\pi f a) \qquad ①$$

である.したがって,$x(t)$ のフーリエ変換は次のようになる.

$$X(f) = k\, e^{-j\pi fa} G(f) = ak\, e^{-j\pi fa}\,\mathrm{Sinc}(\pi fa) \qquad ②$$

これより,$X(f)$ は $G(f)$ と比べて,位相が πfa だけ遅れ,振幅スペクトルの大きさが k 倍されていることがわかる.フーリエ変換の定義に従ってそのまま計算してもよい.

$$X(f) = \frac{k}{j2\pi f}(1 - e^{-j2\pi fa})$$

となり,変形すれば式②と同じになるが,周波数特性は式②の方がわかりやすい.各自で確かめよ.

(2) $X(f) = -\int_{-a}^{0} e^{-j2\pi ft}\,dt + \int_{0}^{a} e^{-j2\pi ft}\,dt$ と書ける.ここで,第 1 項の積分で $t = -x$ と置換積分したのち,x を t に書き換えれば

$$X(f) = \int_{a}^{0} e^{j2\pi ft}\,dt + \int_{0}^{a} e^{-j2\pi ft}\,dt = -\int_{0}^{a} (e^{j2\pi ft} - e^{-j2\pi ft})\,dt$$
$$= \frac{j}{2\pi f}\left[e^{j2\pi ft} + e^{-j2\pi ft}\right]_{0}^{a} = \frac{j}{\pi f}(\cos 2\pi fa - 1)$$

となる.

(3) (1) と同様に式①を用いると,$x(t) = g(t)\cos 2\pi f_0 t$ と書ける.ただし,$a = \tau$ と置き換える.また,オイラーの公式より $\cos 2\pi f_0 t = (e^{j2\pi f_0 t} + e^{-j2\pi f_0 t})/2$ を利用する.したがって,$x(t)$ のフーリエ変換は次のようになる.

$$X(f) = \mathcal{F}[g(t)\cos 2\pi f_0 t] = \frac{1}{2}\mathcal{F}\left[g(t)\, e^{j2\pi f_0 t}\right] + \frac{1}{2}\mathcal{F}\left[g(t)\, e^{-j2\pi f_0 t}\right]$$
$$= \frac{1}{2}G(f + f_0) + \frac{1}{2}G(f - f_0)$$
$$= \frac{\tau}{2}\,\mathrm{Sinc}[\pi(f + f_0)\tau] + \frac{\tau}{2}\,\mathrm{Sinc}[\pi(f - f_0)\tau]$$

(4) $X(f) = \int_{0}^{\infty} e^{-at}\, e^{-j2\pi ft}\,dt = \int_{0}^{\infty} e^{-(a+j2\pi f)t}\,dt$
$$= -\frac{1}{a + j2\pi f}\left[e^{-(a+j2\pi f)t}\right]_{0}^{\infty} = \frac{1}{a + j2\pi f}$$

(5) $X(f) = \int_{-T_0}^{0}\left(1 + \frac{t}{T_0}\right)e^{-j2\pi ft}\,dt + \int_{0}^{T_0}\left(1 - \frac{t}{T_0}\right)e^{-j2\pi ft}\,dt$
$$= \int_{-T_0}^{T_0} e^{-j2\pi ft}\,dt + \frac{1}{T_0}\int_{-T_0}^{0} t\, e^{-j2\pi ft}\,dt - \frac{1}{T_0}\int_{0}^{T_0} t\, e^{-j2\pi ft}\,dt \qquad ③$$

ここで,式③の第 1 項は

$$\int_{-T_0}^{T_0} e^{-j2\pi ft}\,dt = \frac{1}{j2\pi f}\left(e^{j2\pi fT_0} - e^{-j2\pi fT_0}\right)$$
$$= \frac{1}{\pi f}\sin(2\pi fT_0) = 2T_0\,\mathrm{Sinc}(2\pi fT_0) \qquad ④$$

式③の第 2,3 項については,次の部分積分を利用する.

$$\int t e^{-j2\pi f t}\,dt = -\frac{1}{j2\pi f}\left[t\,e^{-j2\pi f t}\right] + \frac{1}{(2\pi f)^2}\left[e^{-j2\pi f t}\right] \qquad ⑤$$

式③の第2,3項に関する部分積分の式⑤の第1項どうしを計算すると

$$\frac{1}{T_0}\left\{-\frac{1}{j2\pi f}\left[t\,e^{-j2\pi f t}\right]_{-T_0}^{0} + \frac{1}{j2\pi f}\left[t\,e^{-j2\pi f t}\right]_{0}^{T_0}\right\}$$

$$= -\frac{1}{j2\pi f}\left(e^{j2\pi f T_0} - e^{-j2\pi f T_0}\right)$$

$$= -\frac{1}{\pi f}\sin(2\pi f T_0) = -2T_0\,\mathrm{Sinc}(2\pi f T_0)$$

となり,式④と相殺される.

次に,式③の第2,3項に関する部分積分の式⑤の第2項どうしを計算すると

$$\frac{1}{T_0}\left\{\frac{1}{(2\pi f)^2}\left[e^{-j2\pi f t}\right]_{-T_0}^{0} - \frac{1}{(2\pi f)^2}\left[e^{-j2\pi f t}\right]_{0}^{T_0}\right\}$$

$$= \frac{1}{(2\pi f)^2 T_0}\left(2 - e^{j2\pi f T_0} - e^{-j2\pi f T_0}\right)$$

$$= \frac{2}{(2\pi f)^2 T_0}\left[1 - \cos(2\pi f T_0)\right]$$

$$= \frac{4}{(2\pi f)^2 T_0}\frac{1 - \cos(2\pi f T_0)}{2}$$

$$= T_0 \left(\frac{1}{\pi f T_0}\right)^2 \sin^2(\pi f T_0)$$

$$= T_0\,\mathrm{Sinc}^2(\pi f T_0) \qquad ⑥$$

となる.

2章

問1 周期矩形パルス列を $g(t)$ としてフーリエ級数展開する.複素フーリエ係数は

$$G_n = \frac{1}{T}\int_{-\infty}^{\infty} g(t) e^{-j2\pi n f_0 t}\,dt$$

$$= \frac{1}{T}\frac{1}{\tau}\int_{-\tau/2}^{\tau/2} e^{-j2\pi n f_0 t}\,dt$$

$$= \frac{1}{T}\frac{\sin(\pi n f_0 \tau)}{\pi n f_0 \tau} = \frac{1}{T}\mathrm{Sinc}(\pi n \tau / T) \qquad ①$$

となる.ここで,理想低域通過フィルタの遮断周波数 B が $1/T < B < 2/T$ なので,入力 $g(t)$ の直流成分 ($n=0$) と基本周波数成分 ($n=\pm 1$) のみを通過させることがわかる.したがって,出力 $y(t)$ は次式のように求まる.

$$y(t) = \sum_{n=-1}^{1} G_n e^{j2\pi n f_0 t} = \frac{1}{T} + \frac{2}{T}\mathrm{Sinc}(\pi \tau / T)\cos(2\pi t / T) \qquad ②$$

問 2 (1) 図のようになる.

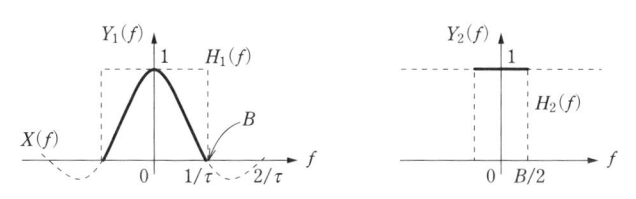

(2) $y_1(t)$ と $y_2(t)$ の積の周波数スペクトルは，それぞれのスペクトル $Y_1(f)$ と $Y_2(f)$ の畳込みとなるので，必要な帯域幅はそれぞれの和で表される．したがって，$B+B/2=(3/2)B$ となる．

3 章

問 1 波長は「光速／周波数」であるから，例えば短波の波長は $10 \sim 100 \, \mathrm{m}$ である．他の周波数帯も同様に計算可能．

問 2 作図により $d \approx 2\sqrt{2rh}$ となることがわかる．実際には，地上では大気の影響で電波は直進しない．詳しくは専門書に譲る．興味のある読者は「等価地球半径係数」などを調べてみるとよい．

問 3 受信信号の等価低域系表現は，式 (3・2) より

$$\alpha \left(1 + \frac{1}{2} e^{-j2\pi f_c \delta}\right) e^{-j2\pi f_c \tau}$$

であり，その絶対値は

$$\alpha \sqrt{\left(\frac{5}{4} + \cos 2\pi f_c \delta\right)}$$

である．

問 4 直交座標–極座標変換であるから，それぞれの結合確率密度関数を $p(x,y), q(a,\phi)$ とすると

$$p(x,y)dn_I dn_Q = p(a\cos\phi, a\sin\phi)a\,da\,d\phi = q(a,\phi)da\,d\phi$$

である．これを計算すると $u(t)$ は，レイリー分布

$$\frac{a(t)}{\sigma^2} e^{-a^2(t)/2\sigma^2}$$

に従うことがわかる．また $\phi(t)$ は $\pm \pi$ において一様分布（確率密度 $1/2\pi$）となる．

4 章

問 1 (1) $0 \leq k \leq 1$

(2) $P_c = A^2/2$, $P_s = \{(Ak/2)^2/2\} \times 2 = A^2 k^2/4$, したがって，$P_s/P_c = k^2/2$

(3) $P_{AM} = P_c + P_s = A^2/2 + A^2k^2/4 = A^2(1+k^2/2)/2$

問 2 AM 信号の電力は $S = A^2/2 + (A^2/8) \times 2 = 3A^2/4$，雑音電力は $N = (N_0/2) \cdot 2B = N_0 B$，したがって $S/N = (3A^2)/(4N_0 B)$

問 3 一つ目の方法として，両側波帯搬送波抑圧（DSB-SC）方式において，バンドパスフィルタで上側波帯あるいは下側波帯のみを取り出す．二つ目の方法として，情報信号 $m(t)$ のヒルベルト変換 $\hat{m}(t)$ を作り，それぞれ互いに直交するキャリヤを乗算して，$v(t) = Am(t)\cos(2\pi f_c t + \varphi) \pm A\hat{m}(t)\sin(2\pi f_c t + \varphi)$ として合成する．

■ 5 章 ■

問 1 (1) $P = A^2/2$ 〔W〕

(2) 瞬時周波数に関し $f_i(t) - f_c = \dfrac{1}{2\pi} \dfrac{d}{dt} \beta \sin(2\pi f_m t) = \beta f_m \cos(2\pi f_m t) = \Delta f_{\max} \cos(2\pi f_m t)$，したがって $\Delta f_{\max} = \beta f_m$

(3) （瞬時周波数 $f_i(t)$ − 中心周波数 f_c）が復調出力であり，$\beta f_m \cos(2\pi f_m t)$

(4) カーソン則（Carson's rule）より，$B = 2(\beta+1)f_m$

問 2 (1) $AJ_3(\beta)$

(2) $AJ_0(\beta)$

(3) 図 5·4 より $\beta \approx 2.4$，$\beta \approx 5.5$，$\beta \approx 8.7$ などで $J_0(\beta) \approx 0$ となる．

問 3 (1) ディジタル FM の位相は $\theta(t) = \pm \Delta \omega t = \pm 2\pi \Delta f t$ と表せる．$0 \leq t \leq T$ で $\theta(t)$ の変化量 $\Delta\theta$ は $\Delta\theta = \Delta\omega T = 2\pi\Delta f T = \pi h$．$h = 0.5$ であるので $\Delta\theta = \pi/2$ となる．

(2) $h = 2\Delta f T = 0.5$ であり，$\Delta f = 0.5/(2T) = 1/(4T)$．したがって，$f_2, f_1 = f_c \pm \Delta f = f_c \pm 1/(4T)$．

(3) ビット速度 1 (kbit/s) より，$T = 10^{-3}$ であり，$\Delta f = 1/(4T) = 10^3/4 = 250$．したがって，$f_2, f_1 = f_c \pm \Delta f = 10^6 \pm 250$．

■ 6 章 ■

問 1 自己相関関数を求める際，$\tau \geq 0$ と $\tau < 0$ の場合に分けて考える．自己相関関数は

$$R(\tau) = \begin{cases} \dfrac{1}{2\alpha} e^{-\alpha\tau} & (\tau \geq 0) \\ \dfrac{1}{2\alpha} e^{\alpha\tau} & (\tau < 0) \end{cases}$$

となり，エネルギー密度スペクトルは

$$S(f) = \dfrac{1}{\alpha^2 + (2\pi f)^2}$$

となる．

問 2 参考の式を展開すると
$$E[X(t)^2] \pm 2E[X(t)X(t-\tau)] + E[X(t-\tau))^2] \geq 0$$
となる。$E[X(t)^2] = E[X(t-\tau)^2] = R_x(0)$, $E[X(t)X(t-\tau)] = R_x(\tau)$ より $R_x(0) \geq |R_x(\tau)|$ となる。

問 3 式 (6·30) を δ 関数を使って表現すると
$$R_{xs}(\tau) = \frac{1}{T} \sum_{i=-\infty}^{\infty} R_a(i) R_g(\tau) \otimes \delta(\tau + iT)$$
$$= \frac{R_g(\tau)}{T} \otimes \sum_{i=-\infty}^{\infty} R_a(i) \delta(\tau + iT)$$

$\delta(t+\tau_0) \Leftrightarrow e^{j2\pi f \tau_0}$ より,上式のフーリエ変換は
$$S_x(f) = \frac{|G(f)|^2}{T} \sum_{i=-\infty}^{\infty} R_a(i) e^{j2\pi f iT}$$

となる.自己相関関数は偶関数なので $R_a(i) = R_a(-i)$ であり,さらにオイラーの公式 $\cos x = (e^x + e^{-x})/2$ を利用すれば,式 (6·31) が得られる.

問 4 出力信号の電力密度スペクトル $S_r(f)$ は
$$S_r(f) = |H(f)|^2 S_n(f) = \frac{\sigma^2}{1 + 4\pi^2 f^2 R^2 C^2}$$

出力信号の自己相関関数 $R_r(\tau)$ はその逆フーリエ変換より
$$R_r(\tau) = \frac{\sigma^2}{2RC} e^{-|\tau|/RC}$$

出力信号の電力は,$R_r(0) = \dfrac{\sigma^2}{2RC}$

7 章

問 1 受信信号を 2 乗回路で 2 乗し,情報波形 $b(t)$ の影響を取り除き,次の信号を得る.
$$\cos^2(2\pi f_c t + \theta) = \frac{1}{2} + \frac{1}{2} \cos 2(2\pi f_c t + \theta)$$

次に,dc 成分を取り除くために,中心周波数 $2f_c$ のバンドパスフィルタで $\cos 2(2\pi f_c t + \theta)$ を取り出す.最後にこの信号を周波数分割回路で周波数を半分におとすことで,搬送波を再生する.
$$\cos(2\pi f_c t + \theta)$$

問 2 (a) データ波形 $b(t)$ は振幅が $+\sqrt{P_s}$ と $-\sqrt{P_s}$ をとる NRZ 波形であり,そのフーリエ変換は

$$B(f) = \int_0^{T_b} \sqrt{P_s} e^{-j2\pi t} dt = \sqrt{P_s} T_b \left(\frac{\sin \pi f T_b}{\pi f T_b} \right)$$

となる．これより，電力スペクトル密度は

$$G_b(f) = \frac{1}{T_b} \overline{|B(f)|^2}$$
$$= P_s T_b \left(\frac{\sin \pi f T_b}{\pi f T_b} \right)^2$$

と求められる．

(b) 式 (7·2) を指数表記すると

$$s(t) = b(t) \sqrt{2P_s} \cos 2\pi f_c t$$
$$= b(t) \sqrt{\frac{P_s}{2}} \left(e^{j2\pi f_c t} + e^{-j2\pi f_c t} \right)$$

となる．このフーリエ変換は

$$S(f) = \int_0^{T_b} \sqrt{\frac{P_s}{2}} e^{-j2\pi (f-f_c)t} dt + \int_0^{T_b} \sqrt{\frac{P_s}{2}} e^{-j2\pi (f+f_c)t} dt$$
$$= \sqrt{\frac{P_s}{2}} T_b \left\{ \left[\frac{\sin \pi (f-f_c) T_b}{\pi (f-f_c) T_b} \right] + \left[\frac{\sin \pi (f+f_c) T_b}{\pi (f+f_c) T_b} \right] \right\}$$

となり，よって，BPSK 信号の電力スペクトル密度は次のように求められる．

$$G_s(f) = \frac{P_s T_b}{2} \left\{ \left[\frac{\sin \pi (f-f_c) T_b}{\pi (f-f_c) T_b} \right]^2 + \left[\frac{\sin \pi (f+f_c) T_b}{\pi (f+f_c) T_b} \right]^2 \right\}$$

問 3 式 (7·6) に白色ガウス雑音の影響を含めて式 (7·8) を書き直すと次式のようになる．

$$\hat{b}(iT_b) = b(iT_b) \sqrt{\frac{P_s}{2}} T_b + \int_{(i-1)T_b}^{iT_b} n(t) \cos(2\pi f_c t + \theta) \, dt \qquad ①$$

ここで，$n(t)$ は平均 0，電力スペクトル密度 $N_0/2$ であることを考慮し，雑音項の分散を求めると

$$E \left\{ \left| \int_{(i-1)T_b}^{iT_b} n(t) \cos(2\pi f_c t + \theta) \, dt \right|^2 \right\} = \frac{N_0 T_b}{4}$$

となる．

ビットエネルギーを次式で定義する．

$$E_b = \int_0^{T_b} |b(t) \sqrt{2P_s} \cos(2\pi f_c t)|^2 dt = P_s T_b$$

BPSK 信号の SN 比は，式①の第 1 項と第 2 項の電力比となる．

$$SNR_{BPSK} = \frac{\frac{P_s}{2} T_b^2}{\frac{N_0 T_b}{4}} = \frac{2E_b}{N_0}$$

8章

問1

$$s(t) = \sqrt{2P}e^{j2\pi(m-1)/4}e^{j2\pi f_c t}, \qquad m=1,2,3,4, \quad 0 \geq t \geq T$$
$$= \sqrt{2P}\cos\left(2\pi f_c t + \frac{2\pi}{4}(m-1)\right)$$
$$= \sqrt{2P}\cos\left(\frac{2\pi}{4}(m-1)\right)\cos(2\pi f_c t) - \sqrt{2P}\sin\left(\frac{2\pi}{4}(m-1)\right)\sin(2\pi f_c t)$$

問2 QPSKは図8・4に示すように，二つの直交するBPSKから構成される．つまり，データ$d(t)$の1ビット毎に，同相成分（$\cos(2\pi f_c t)$）のBPSK変調と直交成分（$\sin(2\pi f_c t)$）のBPSK変調を行い，これらを合成することでQPSK変調が実現される．

ここで，各QPSKシンボルに割り振られたデータビットが図8・5に示すように，隣接するシンボル間でのビットの変化がたかだか一つであるとする．（これをグレーマッピングと呼ぶ）

各シンボルが誤って判定される確率は隣接シンボルへの誤りが最も可能性が高い．しかし，グレーマッピングにより，隣接シンボルへ誤ったとしても，たかだか1ビットの誤りとなる．

以上の理由により，QPSKのビット誤り率はBPSKのビット誤り率と等しくなる．

別解

式（7・12）の直交基底ベクトルを用いるとQPSK信号は次式のようになる．

$$s(t) = \left[\sqrt{P_s T_b}\cos(2i+1)\frac{\pi}{4}\right]u_1(t) - \left[\sqrt{P_s T_b}\cos(2i+1)\frac{\pi}{4}\right]u_2(t)$$

これより，QPSKの信号点配置は以下の図に示すようになる．

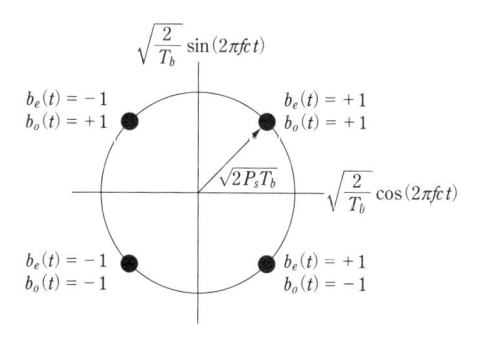

今，シンボルエネルギーを次式で定義する．

$$E_s = P_s T_s = 2P_s T_b$$

図より，$\sqrt{E_s}$は，四つの信号点を通る円の半径である．

QPSKの信号点間の距離は

$$d = 2\sqrt{P_s T_b} = 2\sqrt{E_b}$$

となる．興味深いことに，これは式（7・14）の BPSK と同じである．したがって，情報 1 ビットあたりの信号対雑音電力比 E_b/N_0 のもとでは，QPSK と BPSK のビット誤り率は全く等しくなる．

問 3 (a) M-ary PSK の式（8・4）を次のように書き換える．

$$s(t) = \left(\sqrt{2P_s}\cos\phi_m\right)\cos 2\pi f_c t - \left(\sqrt{2P_s}\sin\phi_m\right)\sin 2\pi f_c t$$

ここで

$$p_e = \sqrt{2P_s}\cos\phi_m$$
$$p_o = \sqrt{2P_s}\sin\phi_m$$

とおく．そうすると，M-ary PSK 信号は p_e と p_o が $T_s = nT_b$ ごとに M 通りのパターンを伴うランダムプロセスとみることができる．これより，M-ary PSK のスペクトルを求めると，次のようになる．

$$G_e(f) = \frac{|P_e(f)|^2}{T_s} = 2P_s T_s \overline{\cos^2\phi_m}\left(\frac{\sin\pi f T_s}{\pi f T_s}\right)^2$$

$$G_o(f) = \frac{|P_e(f)|^2}{T_s} = 2P_s T_s \overline{\sin^2\phi_m}\left(\frac{\sin\pi f T_s}{\pi f T_s}\right)^2$$

ϕ_m は一様分布するので

$$\overline{\cos^2\phi_m} = \overline{\sin^2\phi_m} = \frac{1}{2}$$

となり，結局次のようになる．

$$G_e(f) = G_o(f) = P_s T_s \left(\frac{\sin\pi f T_s}{\pi f T_s}\right)^2$$

(b) M-ary PSK のメインローブ帯域幅は式（7・11）より次のようになる．

$$B = \frac{2}{T_s} = 2f_s = 2\frac{f_b}{n}$$

これより，シンボル当たりのビット数 n を増やすと，帯域が小さくなることがわかる．

問 4 (a) 今，第 1 象限の四つの信号点に着目すると，その平均エネルギーは次式で与えられる．

$$E_s = \frac{1}{4}\left[(a^2 + a^2) + (9a^2 + a^2) + (a^2 + 9a^2) + (9a^2 + 9a^2)\right]$$
$$= 10a^2$$

これより

$$a = \sqrt{\frac{E_s}{10}}$$

よって，信号点間距離は
$$d = 2\sqrt{\frac{E_s}{10}} = 2\sqrt{\frac{2E_b}{5}}$$
となる．ここで，一つのシンボルは 4 ビットで構成されることから，$E_s = 4E_b$ となる．

(b) 送信信号は，k_1, k_2 がそれぞれ ±1 あるいは ±3 をとるとすると
$$s_{16QAM}(t) = k_1\sqrt{\frac{E_s}{5T_s}}\cos 2\pi f_c t + k_2\sqrt{\frac{E_s}{5T_s}}\sin 2\pi f_c t$$
$$= \sqrt{\frac{P_s}{5}}\cos 2\pi f_c t + k_2\sqrt{\frac{P_s}{5}}\sin 2\pi f_c t$$
となる．

(c) 以下に QAM の送受信機モデルを示す．基本的な送受信機構成は図 8·4 で説明した，QPSK と等しい．

送信機では，入力データが直／並列回路で偶数ビットと奇数ビットに分けられた後，それぞれ直交する搬送波で ASK 変調され，加算される．そして，この信

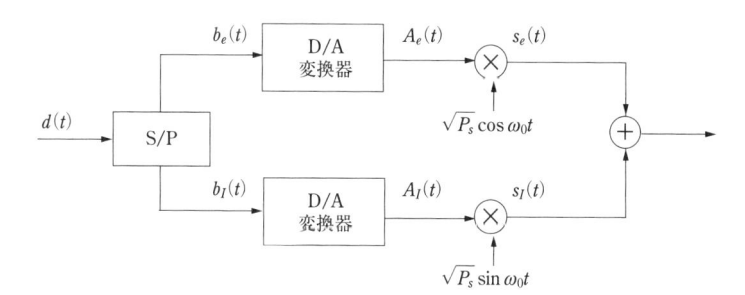

(a) QAM 送信機

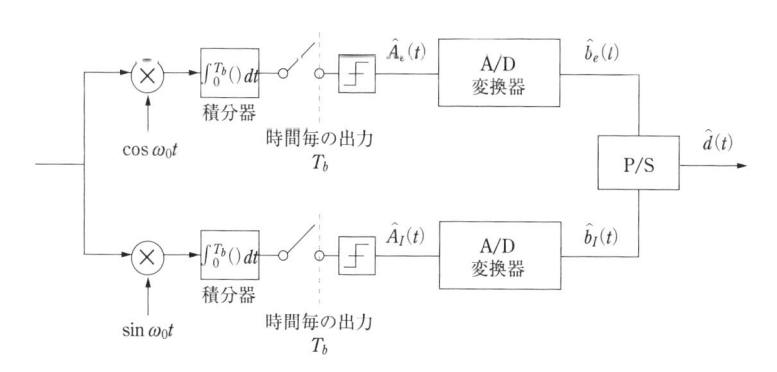

(b) QAM 受信機

号が送信される.図では,ASK 変調に相当する回路として AD 変換機が書いてある.

受信機では,送信側と同様に二つの直交する搬送波で独立にデータ判定が行われ,それを並列／直列変換することで最終データが得られる.

9章

問1 同期復調:復調性能(ビット誤り率特性)がよい.復調の際,PLL(搬送波再生)回路などを利用して,搬送波の周波数とともに,位相を知る必要がある.

非同期復調:変調信号の周波数のみがわかれば復調できるため,帯域フィルタと包絡線検波器といった簡単な回路で復調が実現できる.復調性能は同期復調の場合と比べ劣る.

問2 $P(r_s>r_m)$ を求めることは,$P(r_s-r_m>0)$ である確率を求めることと等価である.そこで確率変数の差である r_s-r_m の確率密度関数を考えればよい($r_s-r_m=r_d$ とおく).$p(r_s)$ と $p(r_m)$ は,独立なガウス分布であるため,その差である $p(r_d)$ もガウス分布である.その平均と分散は $\sqrt{E_b}$ と $2N_0$ となり,分散が 2 倍になることに注意する.

$$p(r_d)=\frac{1}{\sqrt{2\pi N_0}}\exp\left(-\frac{(r_m-\sqrt{E_b})^2}{2N_0}\right)$$

$P(r_d>0)$ は区間 $[0,\infty]$ で積分することで求めることができる.この計算はBPSK におけるビット誤り率を求める問題と同等である.

問3 情報列が互いに独立であるランダムパルス列の電力密度スペクトルは次式となる.

$$S(f)=\frac{|G(f)|^2}{T}$$

式 (9・15) の同相成分,直交成分は互いに直交しているため,独立に考えればよく,また,いずれの成分も図 9・6 のパルス波形(あるいはその時間シフト)であるため,このパルス波形のエネルギースペクトル密度を求めればよい.

$$G(f)=\sqrt{2P}\int_0^{2T}\sin\left(\frac{\pi t}{2T}\right)e^{-j2\pi ft}dt$$

を求め,$|G(f)|^2/T$ を計算することによって得られる.

10章

問1 式 (10・3) より各サブキャリアの積分器出力特性は次図となる.

図より,積分時間が T_s では,$n=1$ 以外のサブキャリアの積分器出力は 0 となっていることがわかる.すなわち,チャネル間干渉なしに $n=1$ のサブキャリアが

積分器出力

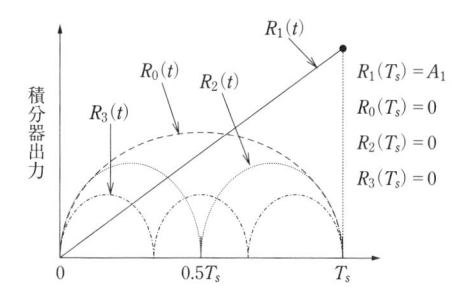

$R_1(t)$
$R_0(t)$ $R_2(t)$
$R_3(t)$

$R_1(T_s) = A_1$
$R_0(T_s) = 0$
$R_2(T_s) = 0$
$R_3(T_s) = 0$

0　　　　0.5T_s　　　　T_s

復調可能となる．これらより，OFDM 通信方式はすべてのサブキャリアが直交関係で配置されていることがわかる．

問 2　時間軸上の受信信号は次式によって表される．

$$r(t) = a(t) \otimes h(t)$$
$$= \int_{-\infty}^{\infty} a(\tau) h(t-\tau) d\tau \quad \text{①}$$

ただし，$\otimes$ は畳込み演算を示す．上式の右辺をフーリエ変換し周波数軸上の信号に変換すると次式となる．

$$\int_{-\infty}^{\infty} r(t) e^{-j2\pi ft} dt = \int_{-\infty}^{\infty} \left\{ \int_{-\infty}^{\infty} a(\tau) h(t-\tau) d\tau \right\} \cdot e^{-j2\pi ft} dt \quad \text{②}$$

上式は，次式のように展開される．

$$R(f) = \int_{-\infty}^{\infty} a(\tau) \cdot e^{-j2\pi f\tau} d\tau \cdot \int_{-\infty}^{\infty} h(\lambda) \cdot e^{-j2\pi f\lambda} dt$$
$$= A(f) \cdot H(f) \quad \text{③}$$

式①，③より，時間軸上の信号の畳込みは，周波数軸上の信号の積となる．

式③より，OFDM 通信方式では送信側で情報データを周波数軸上で作成している．したがって，周波数軸上の受信信号は周波数軸上の送信信号と伝送路の周波数軸特性の積で表される．これにより，伝送路特性 $H(f)$ が推定できれば，これを用いて周波数軸上で容易に等化することが可能となり，周波数軸上の情報データ $A(f)$ を復調可能となる．

問 3　式 (10・10) に式 (10・8) を代入すると次式のように展開される．

$$A_i = \frac{1}{N} \sum_{k=0}^{N-1} a_k \cdot e^{-j\frac{2\pi ik}{N}}$$
$$= \frac{1}{N} \sum_{k=0}^{N-1} \left\{ \sum_{n=0}^{N-1} A_n \cdot e^{j\frac{2\pi nk}{N}} \right\} \cdot e^{-j\frac{2\pi ik}{N}}$$
$$= \frac{1}{N} \sum_{n=0}^{N-1} A_n \sum_{k=0}^{N-1} e^{j\frac{2\pi k(n-i)}{N}}$$

$$= \sum_{n=0}^{N-1} A_n \cdot \frac{\sin\{\pi(n-i)\}}{\frac{\pi(n-i)}{N}} \cdot \frac{1}{\frac{\sin\left\{\frac{\pi(n-i)}{N}\right\}}{\frac{\pi(n-i)}{N}}} \quad ④$$

式④の右辺は，$n=i$ の時のみ値をもち A_i となる．

問 4 (1) 周波数帯域幅は，$5.12\,\mathrm{MHz}/128 = 40\,\mathrm{kHz}$ となる．
(2) シンボル時間長は $T_s = 1/\Delta f$ の関係より，$25\,\mu\mathrm{s}$ となる．
(3) OFDM シンボルは 128 サブキャリアから構成されており，各サブキャリアは 16 値 QAM 変調されることから，$128 \times 4\,\mathrm{bit} = 512\,\mathrm{bit}$ を GI を含んだ OFDM シンボル時間長 $28\,\mu\mathrm{s}$ で送信することになる．
(4) 伝送速度は，$512\,\mathrm{bit}/28\,\mu\mathrm{s} = 18.286\,\mathrm{Mbit/s}$ となる．

11 章

問 1 直接拡散方式，周波数ホッピング方式，時間ホッピング方式，ハイブリッド方式．

問 2 拡散信号の同期が τ ずれているときの積分器の出力は次式で表される．

$$Z = \int_{(i-1)T_b}^{iT_b} r(t)a(t-\tau)\cos(2\pi f_c t)dt$$

$$= \int_{(i-1)T_b}^{iT_b} \sqrt{2P_s}\,a(t)a(t-\tau)b(t)\cos^2(2\pi f_c t) + n(t)a(t-\tau)\cos(2\pi f_c t)dt$$

$$= \sqrt{P_s/2}\,T_b b(iT_b)R(\tau) + \int_0^{T_b} n(t)a(t-\tau)\cos(2\pi f_c t)dt$$

第 1 項は信号成分，第 2 項は雑音成分である．よって，SNR は次式となる．

$$\mathrm{SNR} = \frac{Z_D^2}{\mathrm{Var}\{Z_N\}}$$

$$= \frac{P_s T_b^2/2 \cdot R^2(\tau)}{N_0 T_b/4}$$

$$= \frac{2E_b}{N_0} R^2(\tau)$$

問 3 「1001101」を繰り返したもの．ただし，初期値により位相はずれる．

問 4 まずは $\tau = jT_c$ のときを考える．ここで，j は整数である．このとき，M 系列を用いた拡散信号の自己相関関数は次式となる．

$$R(\tau) = \frac{1}{T}\int_0^T a(t)a(t-jT_c)dt$$

$$= \frac{1}{T} \cdot T_c \cdot F(a_i \oplus a_{i-j})$$

ただし，a_j は M 系列を示し，$F(c_i)$ は系列 c_i において，「0」の数から「1」の数を引いたものとする．$j = kn$（k は整数）のとき，$F(a_i \oplus a_{i-j}) = n$ となる．$j \neq kn$ の

とき，Cycle-and-Add より $F(a_i \oplus a_{i-j}) = F(a_i)$ となり，平衡性より $F(a_i) = -1$．よって

$$R(\tau) = \begin{cases} \dfrac{1}{T} T_c n = 1 & j = kn \\ \dfrac{1}{T} T_c \cdot (-1) = -\dfrac{1}{n} & j \neq kn \end{cases}$$

となる．$jT_c \leq \tau < (j+1)T_c$ のとき，$a(t)$ は矩形波であるために $R(\tau)$ は $\tau = jT_c$ のときの値と $\tau = (j+1)T_c$ のときの値を線形に変化する．よって，$R(\tau)$ は式 (11・8) のように表される．

■ 12章 ■

問 1 本文参照．

問 2 各方式のスループット特性は以下の図のようになる．

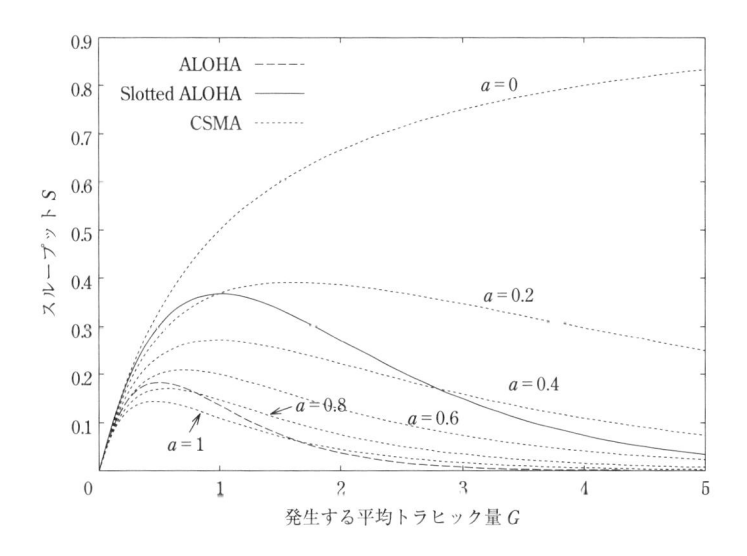

問 3 ALOHA，Slotted ALOHA ではキャリアセンスが行われない．他のユーザからのパケット送信にかかわらず，自身のパケットを送信するため，伝搬遅延の影響を受けない．

索　引

▶ **英数字** ◀

ADSL　　125
ALOHA　　142
AM　　44, 103
AWGN　　37

BASK　　86
BER　　101
BPSK　　85

C/N_0　　90
CDMA　　127, 138
CN 比　　66
CPM　　109
CSMA　　144

DBPSK　　95
DS　　127
DSB-SC　　48

E_b/N_0　　90

FDM　　50, 116
FDMA　　138
FH　　127
FM　　103
FMFB　　68
FM 信号　　59
FSK　　105

GI　　121
Gold 符号　　131

ISI　　88

LOS 伝搬　　35

MSK　　105, 110
M 系列　　131
M 値 PSK　　100

NLOS 伝搬　　35
NRZ 波形　　85

OFDM　　116
OQPSK　　98

PLL　　54, 68
PM　　59, 103
PSK　　59

QAM　　100
QAM 方式　　124

Shift Keying　　103
Sinc 関数　　13, 119
Slotted ALOHA　　143
SNR　　90
SS　　127
SSB-SC　　48

TDMA　　138

VCO　　64
VSB　　50

2 乗復調　　52
2 乗復調器　　54
2 値位相変調方式　　85
2 値ディジタル振幅変調　　86
4 値 PSK　　96
π/4 シフト QPSK　　99

164

索　引

▶ ア　行 ◀

誤り率　　91

位相雑音　　65, 70
位相スペクトル　　11
位相変調　　103
位相変調方式　　59
位相連続変調方式　　109
インパルス応答　　23

ウィナー・ヒンチンの定理　　76

エネルギースペクトル密度　　19
エルゴード性　　79

遅いフェージング　　36

▶ カ　行 ◀

拡散率　　129
確定信号　　9
角度変調　　59
角度変調信号　　58
下側波帯　　47
カーソン則　　64
片側スペクトル　　13
ガードインターバル　　121
過変調　　44
加法性擾乱　　5, 37
加法性白色ガウス雑音　　37
加法性白色ガウス雑音通信路　　87
干　渉　　37

基底ベクトル　　89
基本周期　　9
基本周波数　　11
逆フーリエ変換　　15
キャリアセンス　　144
狭帯域ガウス雑音　　42

狭帯域雑音　　42
狭帯域信号　　2, 29

クリック雑音　　71

鉱石ラジオ　　56
高速フーリエ変換　　116
広帯域通信方式　　63
コヒーレンス時間　　36
コヒーレンス帯域幅　　37

▶ サ　行 ◀

最小シフトキーイング　　105, 110
最大周波数偏移　　60
雑　音　　37
雑音電力　　90
差動 BPSK　　95
差動符号化　　124
三角雑音　　67
残留側波帯方式　　50

時間平均　　79
時分割多元接続　　138
弱定常　　78
遮断周波数　　28
シャドウイング　　37
周期信号　　9
集合平均　　77
周波数 2 逓倍　　65
周波数軸等化方式　　123
周波数スペクトル　　11
周波数スペクトル密度　　15
周波数選択性フェージング　　37
周波数非選択性フェージング　　37
周波数分割多元接続　　138
周波数分割多重　　116
周波数分割多重化　　50
周波数変調　　4, 103
周波数ホッピング　　127

165

索　引

周波数利用効率　　101, 139
出力 SN 比　　56, 68
瞬時周波数　　61
瞬時周波数偏移　　60
上空波　　35
上側波帯　　47
情報源符号化　　6
乗法性擾乱　　5
信号遷移　　98
信号対雑音電力比　　90
信号点配置　　90
振幅スペクトル　　11
振幅変調　　3, 103
振幅変調方式　　44
シンボル誤り率　　101
シンボル間干渉　　28, 88

スペクトル拡散　　127
スレッショルド現象　　68

積分放電回路　　87
セル　　38
線形位相特性　　17, 25
線形時不変システム　　23

相関検波器　　119
側帯波　　45

▶▶ タ　行 ◀◀

帯域外放射　　115
帯域系　　29
帯域幅　　89
ダイオード検波器　　54
多元接続技術　　3, 137
多周波変調方式　　116
畳込み積分　　23
単位周波数帯域　　101
単側波帯　　48

遅延検波　　88, 123
遅延検波方式　　123
地上波デジタル TV　　125
地表波　　35
直接拡散　　127
直接波　　35
直交周波数分割多重通信方式　　116
直交成分　　29, 89

通信路符号化　　6

ディジタル位相変調方式　　59
定　常　　78
デシベル　　90
データの継続時間　　85
データレート　　85
電圧制御発信器　　64
伝達関数　　23
電離層反射波　　35
電力線通信　　125

等価低域系表現　　29
同期検波　　88
同期検波方式　　123
同期復調　　48, 52
同期復調器　　53
同相成分　　29, 89
導波管的伝搬　　34
ドプラ広がり　　36

▶▶ ナ行・ハ行 ◀◀

入力 SN 比　　55, 66

パイロットキャリア　　124
白　色　　81
白色ガウス雑音　　87
速いフェージング　　36
搬送波　　3
搬送波再生回路　　53, 88

索引

搬送波信号電力対雑音電力比　90
搬送波抑圧両側波帯信号　48

非線形変調方式　68
ビット誤り率　101
非同期検波　88
ヒルベルト変換　49
ヒルベルト変換器　50

フィルタ　26
フェーザ図　66, 70
フェージング　35
不規則信号　9, 77
複素正弦波　10
複素包絡線　29
復　調　3
復調利得　68
符号分割多元接続　127, 138
フラットフェージング　37
プリアンブルシンボル　124
フーリエ級数展開　10
フーリエ係数　11
フーリエ変換　15
プリエンファシス・ディエンファシス
　69

平均電力　10
平衡変調器　52
ベースバンド信号　2
ベッセル関数　62
変　調　2
変調指数　60
変調信号　3, 45

変調信号電力　90
変調多値数　100
変調度　44

包絡線検波　46
包絡線復調　52
包絡線復調器　52

▶ マ　行 ◀

マルチキャリア伝送方式　116
マルチパス通信路　39, 116
マルチパスフェージング　36

ミキサ　51
見通し伝搬　35

無線周波数信号　2
無歪み伝送　25

メインローブ　88

▶ ラ　行 ◀

ライスフェージング通信路　41
ライス分布　41
ランダムアクセス　142

理想低域通過フィルタ　27
リミッタディスクリミネータ　65
両側スペクトル　13
リング変調器　52

レイリーフェージング通信路　41
レイリー分布　41

〈編者・著者略歴〉

片山正昭（かたやま　まさあき）
1986年　大阪大学大学院工学研究科通信工学専攻博士課程修了
1986年　工学博士
現　在　名古屋大学未来材料・システム研究所システム創成部門教授

上原秀幸（うえはら　ひでゆき）
1997年　慶應義塾大学大学院理工学研究科電気工学専攻博士課程修了
1997年　博士（工学）
現　在　豊橋技術科学大学大学院電気・電子情報工学系教授

岩波保則（いわなみ　やすのり）
1981年　東北大学大学院工学研究科情報工学専攻博士課程修了
1981年　工学博士
現　在　名古屋工業大学名誉教授

和田忠浩（わだ　ただひろ）
1998年　名古屋大学大学院工学研究科電子情報学専攻博士課程修了
1998年　博士（工学）
現　在　静岡大学工学部電気電子工学科准教授

山里敬也（やまざと　たかや）
1993年　慶應義塾大学大学院理工学研究科電気工学専攻博士課程修了
1993年　博士（工学）
現　在　名古屋大学教養教育院教養教育推進室教授

小林英雄（こばやし　ひでお）
1977年　東北大学大学院通信工学専攻修士課程修了
1989年　工学博士
現　在　三重大学大学院工学研究科電気電子工学専攻教授

岡田　啓（おかだ　ひらく）
1999年　名古屋大学大学院工学研究科電子情報学専攻博士課程修了
1999年　博士（工学）
現　在　名古屋大学未来材料・システム研究所システム創成部門准教授

- 本書の内容に関する質問は，オーム社ホームページの「サポート」から，「お問合せ」の「書籍に関するお問合せ」をご参照いただくか，または書状にてオーム社編集局宛にお願いします．お受けできる質問は本書で紹介した内容に限らせていただきます．なお，電話での質問にはお答えできませんので，あらかじめご了承ください．
- 万一，落丁・乱丁の場合は，送料当社負担でお取替えいたします．当社販売課宛にお送りください．
- 本書の一部の複写複製を希望される場合は，本書扉裏を参照してください．
  JCOPY ＜出版者著作権管理機構　委託出版物＞

新インターユニバーシティ
無線通信工学

2009年11月25日　第1版第1刷発行
2025年7月20日　第1版第9刷発行

編 著 者　片山正昭
発 行 者　髙田光明
発 行 所　株式会社オーム社
　　　　　郵便番号　101-8460
　　　　　東京都千代田区神田錦町3-1
　　　　　電話　03(3233)0641（代表）
　　　　　URL　https://www.ohmsha.co.jp/

© 片山正昭 2009

印刷　中央印刷　製本　協栄製本
ISBN978-4-274-20792-1　Printed in Japan

新インターユニバーシティシリーズのご紹介

- 全体を「共通基礎」「電気エネルギー」「電子・デバイス」「通信・信号処理」「計測・制御」「情報・メディア」の6部門で構成
- 現在のカリキュラムを総合的に精査して，セメスタ制に最適な書目構成をとり，どの巻も各章1講義，全体を半期2単位の講義で終えられるよう内容を構成
- 現在の学生のレベルに合わせて，前提とする知識を並行授業科目や高校での履修課目にてらしたもの
- 実際の講義では担当教員が内容を補足しながら教えることを前提として，簡潔な表現のテキスト，わかりやすく工夫された図表でまとめたコンパクトな紙面
- 研究・教育に実績のある，経験豊かな大学教授陣による編集・執筆

電子回路
岩田 聡 編著 ■A5判・168頁

【主要目次】 電子回路の学び方／信号とデバイス／回路の働き／等価回路の考え方／小信号を増幅する／組み合わせて使う／差動信号を増幅する／電力増幅回路／負帰還増幅回路／発振回路／オペアンプ／オペアンプの実際／MOSアナログ回路

ディジタル回路
田所 嘉昭 編著 ■A5判・180頁

【主要目次】 ディジタル回路の学び方／ディジタル回路に使われる素子の働き／スイッチングする回路の性能／基本論理ゲート回路／組合せ論理回路（基礎／設計）／順序論理回路／演算回路／メモリとプログラマブルデバイス／A-D，D-A変換回路／回路設計とシミュレーション

電気・電子計測
田所 嘉昭 編著 ■A5判・168頁

【主要目次】 電気・電子計測の学び方／計測の基礎／電気計測（直流／交流）／センサの基礎を学ぼう／センサによる物理量の計測／計測値の変換／ディジタル計測制御システムの基礎／ディジタル計測制御システムの応用／電子計測器／測定値の伝送／光計測とその応用

システムと制御
早川 義一 編著 ■A5判・192頁

【主要目次】 システム制御の学び方／動的システムと状態方程式／動的システムと伝達関数／システムの周波数特性／フィードバック制御系とブロック線図／フィードバック制御系の安定解析／フィードバック制御系の過渡特性と定常特性／制御対象の同定／伝達関数を用いた制御系設計／時間領域での制御系の解析・設計／非線形システムとファジィ・ニューロ制御／制御応用例

パワーエレクトロニクス
堀 孝正 編著 ■A5判・170頁

【主要目次】 パワーエレクトロニクスの学び方／電力変換の基本回路とその応用例／電力変換回路で発生するひずみ波形の電流，電圧，電力の取扱い方／パワー半導体デバイスの基本特性／電力の変換と制御／サイリスタコンバータの原理と特性／DC-DCコンバータの原理と特性／インバータの原理と特性

電気エネルギー概論
依田 正之 編著 ■A5判・200頁

【主要目次】 電気エネルギー概論の学び方／限りあるエネルギー資源／エネルギーと環境／発電機のしくみ／熱力学と火力発電のしくみ／核エネルギーの利用／力学的エネルギーと水力発電のしくみ／化学エネルギーから電気エネルギーへの変換／光から電気エネルギーへの変換／熱エネルギーから電気エネルギーへの変換／再生可能エネルギーを用いた種々の発電システム／電気エネルギーの伝送／電気エネルギーの貯蔵

電力システム工学
大久保 仁 編著 ■A5判・208頁

【主要目次】 電力システム工学の学び方／電力システムの構成／送電・変電機器・設備の概要／送電線路の電気特性と送電容量／有効電力と無効電力の送電特性／電力システムの運用と制御／電力系統の安定性／電力システムの故障計算／過電圧とその保護・協調／電力システムにおける開閉現象／配電システム／直流送電／環境にやさしい新しい電力ネットワーク

電子デバイス
水谷 孝 編著 ■A5判・176頁

【主要目次】 電子デバイスの学び方／半導体の基礎／pn接合／バイポーラトランジスタ／pn接合を用いた複合素子／絶縁体－半導体界面／MOS型電界効果トランジスタ（MOSFET）／MOS型電界効果トランジスタの諸現象と複合素子／ショットキー接合とヘテロ接合／ショットキーゲート電界効果トランジスタと高電子移動度トランジスタ／ヘテロ接合バイポーラトランジスタ／量子効果デバイス／デバイスの集積

もっと詳しい情報をお届けできます．
○書店に商品がない場合または直接ご注文の場合も右記宛にご連絡ください．

ホームページ http://www.ohmsha.co.jp/
TEL/FAX TEL.03-3233-0643 FAX.03-3233-3440